高职数学
教学理论与实践研究

杨 蓓 赵艳艳 冉树琼 著

中国商业出版社

图书在版编目（CIP）数据

高职数学教学理论与实践研究 / 杨蓓，赵艳艳，冉树琼著. -- 北京 : 中国商业出版社，2024. 10.

ISBN 978-7-5208-3201-4

Ⅰ. O13-4

中国国家版本馆CIP数据核字第2024YS2458号

责任编辑：吴 倩

中国商业出版社出版发行

（www.zgsycb.com 100053 北京广安门内报国寺 1号）

总编室：010-63180647 编辑室：010-83128926

发行部：010-83120835/8286

新华书店经销

北京七彩京通数码快印有限公司印刷

*

710毫米×1000毫米 16开 9印张 178千字

2024年10月第1版 2024年10月第1次印刷

定价：50.00 元

* * * *

前　言

高职数学课程在培养高等应用技术型人才方面扮演着至关重要的角色，其在高职教育体系中的地位举足轻重。作为最基础的学科，该课程的教学质量不仅关系着其他专业课程的学习成效，更直接影响着应用技术型人才的职业发展前景。因此，深入探讨高职数学的教学方法，提高教学质量，以适应我国对高等应用技术型人才培养的迫切需求，显得尤为必要。此外，优化高职数学教学策略，理论联系实际，确保教学内容与实际应用紧密结合，也是提高教育质量的关键一环。

本书对高职数学教学理论与实践进行了探索性的研究。共包括五章内容。

第一章为高职数学教学概念与理论基础，主要包括高职数学教学概述和相关理论以及教学的现状与存在的问题；第二章为高职数学教学相关内容，涵盖了高职数学教学的数学核心素养、数字文化、教学的有效性、教学的数字化转型等内容；第三章围绕翻转课堂在高职数学教学中的应用进行了研究，涉及翻转课堂的内容、翻转课堂在高职数学教学中的应用分析这两个方面的内容；第四章主要研究思维导图在高职数学教学中的应用，主要围绕思维导图的内容、思维导图在高职数学教学中的应用分析这两个方面进行了论述；第五章以高职数学教学改革探讨为主要方向，对高职数学教学改革的内容、高职数学教学改革的路径进行了阐述。

数学学科在高职教学体系架构中扮演的重要角色是不言而喻的，学生数学素养的提升也可以为其他学科的学习夯实基础。高职数学教学质量和效率如何提升是本书所要考量的重点问题。本书提出高职数学教学改革方向及路径，旨在促进我国高职数学教学改革工作进程。

前言

目　　录

第一章　高职数学教学概念与理论基础

第一节　高职数学教学概述

一、高职数学教学

（一）高职教育

高职教育全称为高等职业教育。高等职业教育归属于职业教育体系，以实现学生就业为目标，基本由职业院校开展实施教育活动，包括中等职业教育、高等职业教育；普通高等教育归属于普通教育体系，以助推学生进入更高层级的教育体系为主要目标，主要由普通学校开展基本教育活动，包括义务教育延续并由国家统一招生录取的中、高等教育，两者共同构成我国的现代化教育体系。

无论是从西方国家的高等职业教育发展历程，还是从我国的职业教育发展之路来看，高等职业教育从萌芽兴起到蓬勃发展无不是社会经济进步的必然选择。在我国，“高等职业教育”的内涵基本等同于“高等职业技术教育”。在职业教育和高等教育的体系中，高等职业教育都是其重要的组成部分，同时，兼具两者的属性。高等职业教育是在初、中等职业教育的基础上发展而来，是职业教育体系中的高级阶段，其主要目标是为社会培养高素质、高水平的技术技能型人才。从培养目标来看，高等职业教育与普通高等教育有着明显的区别，高等职业教育主要强调职业技术的成分及属性，侧重培养学生的职业性和实践性，根据市场的需求以及就业岗位的需要，实现技术技能转化，教育教学过程中重点通过实训培养学生技术应用能力、实践操作能力和岗位适应能力。从培养层次来看，包含四个层次，分别是专科、本科、硕士和博士，这是我国高等教育以及中国特色职业教育体系的重要组成部分。其中，专科层次职业教育的目标是面向企业培养高技能型人才；本科层次职业教育包含了应用型本科和师资型本科，前者的教学重点在于实践教学，后者的教学重点则放在了学生“双师型”能力建设方面；硕士和博士层次的职业教育更加注重实践环节，重点提升被培养者在其领域的实际贡献。总之，高等职业教育是指培养学生从事某种职业或者劳动生产中所需要的知识和技术的一种高级教育，开展主体既包括正规学校机构，也包括面向社会岗位实施的教育和职业培训的非正规社会机构。本书中所指的高等职业教育是聚焦于学校开展的职业教育，即学校遵照社会需求、市场需要，以及个人发展规律，按照一定的培养目标，对学生实施的有组织、有计划的教育活动，使学生获得相应的专业知识、技术技能，以便为从事某种职业作好铺垫与准备。

（二）高职教育与高等数学教学

高职院校是我国高等教育的重要组成部分，而高等数学又作为高职数学教学中的主要学习科目，对我国现阶段高素质人才的培养有着至关重要的作用。加强高等数学、线性代数等数学科目的教学，能够丰富并充实高职教育的教学内容，为新时代的人才培养提供更多动力，使我国高职教育改革与时代需求相契合，为社会注入更多、更强的新生活力，培养更多的复合型人才。目前，高职教育中数学教学面临一些问题，已经严重影响了数学教学的课堂效率和教学质量。数学教学在整个高职教育培养体系中的作用和地位被逐渐弱化，数学教育没能起到很好的基础串联作用，而作为一门独立的教育学科被单列出来。在新教改的指引下，尽管我国一些专家学者能够清楚地认识到数学教学对于高职教育的重要意义，但并没有真正结合实际教学情况提出相应的教学策略。

作为我国人才输出的一大生源基地，高职院校的办校初衷是培养具有专业知识技能并能够为社会创造价值的人才，其育人理念更侧重于实践复合型人才的培育，因此，职业技术教学占据了培养方案的绝大部分内容。但高职数学作为其他技术学科的基础，具有不可或缺的作用，主要体现在以下两个方面：一是高职数学能够培养学生的逻辑分析、阅读理解、空间想象能力，提高学生联络各知识点、灵活解决问题的能力。二是高职数学能够培养学生的数学运算能力，掌握一些基础的数学工具，更好地服务于今后的技术工作。现如今，社会要求的人才是全面发展型人才，培养学生的数学能力可以使学生的选择面和就业面更加宽泛，能更好地适应多种岗位工作。因此，重视高职数学的教学改革，是提高高职教学的教育质量和提高高职院校办学水平的关键所在，也是必由之路。

（三）高职教育中高等数学的地位与作用

高职教育的根本任务是培养适应生产、建设、管理、服务一线的高素质技能型人才，因此，高职院校在设计学生的知识、能力、素质结构和培养方案时应以社会需求为目标，以岗位技术要求为主线，以培养学生的技术应用能力为核心。在构建课程和教学内容体系时基础理论教学以“必需”“够用”为度，专业课需增强针对性、实用性，实践教学在教学计划中的比重应较大。高职院校以学生获得“双证书”为培养目标，以“双师型”师资队伍建设为提升关键，以产学结合、校企结合为培养高素质技能型人才的必由之路。所以，高职院校开设高等数学课程时要有别于普通本科院校，既不能面面俱到，又不能过分弱化其地位。在内容的设计上要突出够用，以为专业学习打牢基础为原则，使得学生通过

学习高等数学能具备计算能力、分析解决问题的能力及逻辑思维能力。教师要重点介绍高等数学概念及其应用，使学生对高等数学有一定的了解，为学生查阅资料、阅读文献提供有力的帮助。教学内容应包括微积分学及微分方程初步、线性代数、随机事件及其概率、一元随机变量及其数字特征、工程数学初步等。有条件的院校还可以根据专业开发校本教材，突出数学在相关专业中的实用性。例如，在会计专业中，探讨投资风险和投资报酬组合理论，探讨资本结构与企业价值关系理论等都广泛应用了微积分、线性代数及概率论与数理统计知识。又如，在信息专业中，大量的理论分析和科学实验都会涉及数值计算方法，如运用无穷级数中的泰勒公式计算误差；运用线性代数中的线性方程组迭代法进行收敛性分析等。

二、高职数学教学的基本内容

高职数学教学目的是培养学生的数学素养，提高解决实际问题的能力，为专业学习和未来工作打下坚实的数学基础。高职数学教学基本内容构成通常包括以下几个方面。

（一）基础数学知识

基础数学知识是高职数学教学的基石，它包括代数、几何、三角学、概率统计等基本数学领域。代数部分涉及方程、不等式、函数、数列等内容，为学生提供了处理数量关系和变化规律的工具；几何学则关注形状、大小、相对位置及其性质，通过图形和空间关系的研究，培养学生的空间想象能力；三角学与几何紧密相关，涉及角度、三角函数及其应用，是解决实际问题的重要工具；概率统计则是研究随机现象规律性的数学分支，对数据分析和决策制定至关重要。

（二）数学思维与方法

数学思维与方法的培养是高职数学教学的核心。数学思维包括逻辑思维、抽象思维和创新思维。逻辑思维要求学生能够清晰、准确地进行推理和论证；抽象思维则是在具体问题中提炼出数学模型，进行抽象分析；创新思维鼓励学生在解决问题时提出新颖的方法和思路。数学方法则涉及归纳、演绎、类比、模型化等，这些方法的掌握有助于学生应用数学知识解决实际问题。

（三）专业数学知识

专业数学知识是根据不同专业需求定制的数学内容。例如，工程类专业可能需要学习微积分、线性代数、复变函数等；经济管理类专业可能需要学习微观经济学数学模型、统计学、运筹学等。专业数学知识为学生提供了在特定领域内应用数学工具的技能，是专业学习的重要支撑。

（四）数学软件应用

数学软件的应用在高职数学教学中日益重要。软件如 MATLAB、Mathematica、Excel 等，不仅能够辅助进行复杂的数学计算，还能够进行数据可视化和模拟实验。学生通过学习这些软件，能够提高解决实际问题的能力及效率，也能够更好地理解和应用数学知识。

（五）实践教学

实践教学是高职数学教学中不可或缺的一环。通过实验、实训、实习等方式，学生可以将理论知识与实际操作相结合，提高解决实际问题的能力。实践教学不仅能够加深学生对数学知识的理解，还能够培养学生的动手能力和创新能力。

三、高职数学教学的目的

高职数学教学作为职业教育体系中的重要组成部分，其目的不仅在于传授数学知识和技能，还在于培养学生的数学思维能力、解决实际问题的能力以及适应未来职业发展的综合素质。以下将从几个方面详细阐述高职数学教学的目的。

（一）基础知识与技能的传授

高职数学教学的首要目的是为学生打下坚实的数学基础，包括基本的数学概念、原理、公式和计算方法。通过系统的教学，使学生掌握代数、几何、概率统计等基础数学知识，并能够熟练运用这些知识进行基本的数学运算和解决实际问题。这些基础数学知识和技能是学生进一步学习专业课程以及未来职业生涯中不可或缺的工具。

（二）数学思维能力的培养

数学不仅仅是一门知识，更是一种思维方式。高职数学教学旨在培养学生的逻辑思维能力、抽象思维能力和创新思维能力。通过对数学问题的分析与解决，学生可以学会如何运用逻辑推理来构建论证，如何通过抽象概括来简化复杂问题，以及如何通过创新思维来寻找解决问题的新途径。

（三）解决实际问题的能力

高职教育强调理论与实践的结合，数学教学也不例外。教学过程中，教师应注重将数学知识与实际问题相结合，引导学生运用数学工具和方法解决现实生活中的问题。这种教育培养有助于学生将所学知识转化为实际应用的工具，提高他们解决专业领域内实际问题的能力，为未来的职业生涯打下坚实的基础。

（四）适应未来职业发展的综合素质

随着科技的发展和社会的进步，职业分工越来越细，越来越专，对从业者的要求也越来越高。高职数学教学应致力于培养学生的综合素质，包括自主学习能力、团队合作能

力、信息处理能力等。通过数学知识学习，学生可以学会如何自主探索新知识，如何在团队中发挥作用，以及如何高效地处理和分析数据。这些素质的培养有助于学生适应未来职业发展的需求，提高他们的职业竞争力。

（五）培养终身学习的意识

大数据时代，知识和信息爆发式增长更新，终身学习成为一种必要的能力。高职数学教学应引导学生认识到学习是一个持续的过程，激发他们对知识的渴望和对新事物的探索精神。通过数学学习，学生可以体验到学习带来的成就感和乐趣，从而培养起终身学习的意识和习惯。

四、高职数学教学的必要性

随着社会的不断发展和科技的进步，数学作为一门基础学科，在各个领域都发挥着越来越重要的作用。高职教育作为培养技术技能型人才的重要途径，数学教学在其中扮演着不可或缺的角色。

第一，数学是培养逻辑思维能力和分析问题能力的重要工具。在高职教育中，学生需要掌握一定的专业技能，而这些技能的学习往往需要良好的逻辑思维能力和分析能力作为支撑。数学教学通过系统地训练学生的逻辑推理能力，帮助他们建立起严密的思维模式，这对学生未来在专业领域的深入学习和实践操作都是至关重要的。

第二，数学是解决实际问题的基础。在工程技术、经济管理、信息技术等众多领域，数学都扮演着解决问题的关键角色。高职学生通过学习数学，可以掌握一定的数学模型和计算方法，这对他们将来在工作中解决各种实际问题，如数据分析、成本控制、系统优化等，都能够提供有效的帮助。

第三，数学是跨学科学习的桥梁。在现代社会，许多问题的解决需要跨学科的知识和技能。数学作为一种通用的语言和工具，能够帮助学生跨越不同学科的界限，实现知识的整合和应用。例如，在生物医学工程、环境科学、金融工程等领域，数学都是不可或缺的工具，高职学生通过数学学习，可以更好地理解和应用这些跨学科的知识。

第四，数学教学还能够培养学生的创新意识和探索精神。数学是一门充满挑战和探索的学科，它鼓励学生不断地提出问题、寻找规律、探索未知。在高职教育中，数学教学不仅传授知识，还激发学生的创新思维和探索欲望，这对培养学生的终身学习能力和创新能力具有重要意义。

第五，数学教学对提高学生的综合素质也有着重要作用。数学学习需要学生具备耐心、细致和坚持不懈的精神，这些品质对学生的个人发展和社会适应能力都是极为重要的。通过数学学习，学生可以培养自己的责任心、团队合作精神和解决问题的能力，这些都是现代社会对人才的基本要求。

总之，高职数学教学的必要性体现在多个方面，它不仅是培养学生逻辑思维和分析问题能力的重要途径，还是解决实际问题、跨学科学习、培养创新意识和提高综合素质的基础。因此，在高职教育中应当重视数学教学，不断优化教学内容和方法，以适应社会发展的需要，培养出更多高素质的技术技能型人才。

五、高职数学教学的课程教学资源

（一）高职数学课程教学资源建设的意义

高职数学课程是高职院校重要的基础课程之一，它在高职院校教育中具有不可替代的作用。因此，建设高职数学课程教学资源的意义重大，将从以下几个方面探讨其意义。

1. 有助于提高教学质量

高职数学课程教学资源建设对提高教学质量方面具有重要影响。首先，通过整合教学大纲、教材、试题库等传统资源，可以为教师提供更全面、更系统的教育资源，从而帮助他们更好地进行教学设计和实践。其次，利用现代信息技术手段，如网络教学、教学视频等，可以丰富教师的教学方式，使教学过程更加生动、形象，以提高学生的学习兴趣和积极性。最后，学生的多元化、个性化、智能化的学习需求可以通过这些资源得到满足，并有助于提高学生的学习效率。总之，高职数学课程教学资源建设能够提高教学质量，且能够为学生提供更良好的教育体验。

2. 有助于培养学生的数学素养

高职数学课程教学资源建设是培养学生数学素养的重要途径。数学作为一门基础性学科，是高职各专业的必修课程之一。数学学科的学习对学生的发展和职业生涯都有着重要的影响。高职院校通过建设教学资源，可以帮助学生更好地掌握数学知识和技能，增强学生数学思维和解决实际问题的能力。同时，还能够培养学生的创新意识和创新能力，提高学生的科学素养和综合素质。

高职数学课程教学资源的建设不仅需要教师，而且需要学校、政府和企业的支持和合作。学校可以加大对数学课程教学资源建设的投入力度，提高教学资源的质量和实用性，政府可以出台相关政策，鼓励支持高职数学课程教学资源的建设和融合，企业也可以参与建设，提供发展需求和实际问题及案例，为教学资源的建设提供支持。

3. 有助于推进课程与社会需求的对接

高职数学课程教学资源建设有助于推进课程与社会需求的对接，这是因为高职数学课程具有应用性强、针对性强等特点。在教学资源建设过程中，教师可以通过深入调研和实

践，了解社会需求，掌握职业技能标准，将实际案例与课程教学相结合，开发符合实际需求的教学资源。同时，高职数学课程教学资源建设也为学生提供了更加丰富的学习渠道。通过合理的教学资源建设，学生可以更好地掌握实际应用技能，增强就业竞争力，以更好地适应社会需求。

4. 有助于提高高职教育的品质和影响力

高职教育是职业教育的重要组成部分，提高高职教育的育人质量和影响力，是推进职业教育现代化的必要途径。高职数学课程教学资源建设作为高职教育中的重要组成部分，对提高高职教育的品质和影响力有着重要的作用。高职院校通过优化数学课程教学资源的建设，可提高数学课程的教学质量和教育效率，提升学生对高职教育的认知，增强高职教育的社会认可度和影响力。

（二）高职数学课程教学资源建设面临的要求

高职数学课程教学资源建设是提高教学质量的关键环节，它面临着多方面的要求。

1. 适应性和灵活性

高职数学课程教学资源需要适应不同学生的学习需求和能力水平。这意味着资源应该具有一定的灵活性，学生能够根据自己的具体情况进行调整。例如，教材和课件应该包含不同难度级别的题目，以满足从基础到高级的不同学习需求。此外，资源还应该能够适应不同的教学方法和学习环境，如在线学习、混合学习等，以支持多样化的教学模式。

2. 实用性和应用性

高职数学课程教学资源应该强调数学知识的实际应用。资源不仅要教授理论知识，还要展示这些知识如何在实际问题中得到应用。例如，通过案例分析、项目实践等方式，让学生理解数学在工程、经济、科学等领域的应用。

3. 互动性和参与性

为了提高学生的学习兴趣和参与度，高职数学课程教学资源需要具有较强的互动性。这可以通过设计互动式课件、在线讨论区、实时反馈系统等方式实现。例如，课件中的互动元素可以让学生在课堂上即时回答问题，教师可以根据反馈调整教学进度。同时，在高职数学资源建设中也要注重学生之间的合作，通过小组讨论、项目合作等方式提高学生的参与度。

4. 技术整合和创新

随着信息技术的发展，高职数学课程教学资源建设需要不断整合新技术，如人工智能、虚拟现实、大数据分析等。这些技术可以为学生提供更加丰富和个性化的学习体验。例如，通过人工智能辅助教学系统，可以根据学生的学习进度和理解程度提供个性化的学习建议。此外，技术整合还可以促进教学方法的创新。例如，通过虚拟现实技术进行数学实验，提高学生的实践能力。

5. 评估和反馈机制

高职数学课程教学资源建设需要建立有效的评估和反馈机制，以确保资源的质量和教学效果。这包括对学生学习成果的评估，以及对教学资源本身的评估。例如，可以通过定期测试、作业、项目等方式评估学生的学习进度。同时，教师和学生能够随时对教学资源进行反馈，提出改进建议。根据评估和反馈的结果及时调整教学策略，以适应学生的学习需求和教学环境的变化。

6. 持续更新和维护

数学是一个不断发展的学科，高职数学课程教学资源需要定期更新和维护，以反映最新的学科发展和教学理念。这包括更新教材内容、课件设计、在线资源等。例如，随着数学理论和应用的发展，教材应该定期添加新的知识点和案例。高职数学课程资源的维护还包括修复技术问题、优化用户体验等，以确保资源的稳定性和实用性。

7. 跨学科和综合性

高职数学课程教学资源建设应该促进跨学科的学习和综合能力的培养。数学与其他学科有着紧密的联系，资源应该能够展示这种联系，并鼓励学生在不同学科之间进行整合学习。例如，数学与物理、工程、经济等学科的结合，可以帮助学生理解数学在不同领域的应用。此外，高职数学课程教学资源的建设还应该强调综合能力的培养，如批判性思维、问题解决能力、创新能力等。

六、高职数学教学的数学建模思想

（一）数学建模思想

数学建模思想是一种通过建立数学模型来描述和解决实际问题的思维方式。它是一种将现实世界中的问题转化为数学模型，并使用数学方法对模型进行求解，从而得到解决问题的方法的思维方式。建模思想包括将实际问题进行抽象和简化，建立数学模型，对模型进行求解，并对结果进行解释和验证等步骤①。在建模过程中，需要考虑问题的实际情况和背景，选择合适的数学方法和工具，并对模型进行合理的假设和简化。建模思想在科学、工程、经济、医学等领域都有广泛的应用，可以帮助人们更好地理解和解决实际问题。

---

① 关占荣．数学建模思想融入高职数学教学的实践研究［J］．才智，2023（30）：105.

（二）高职数学建模思想的作用

1. 符合学生认知过程的发展规律

建模思想将数学知识的学习过程划分为直觉、探试、思考、出错、验证等多个阶段。这一过程符合学生认知发展规律，使学生能针对实际问题进行反复实践、探索和思考。通过直觉性的理解，学生能够感知到问题的本质，然后在探试中形成初步的解决方案，接着通过深入思考和验证，逐步完善和巩固解决方案。这种过程不仅能够使学生对数学知识有更深刻的理解，还能培养其解决实际问题的能力。

2. 帮助教师系统地教授知识点

建模思想强调从实际问题中引出数学问题，使得教师在教学中能够更有针对性地选择问题、引导学生进行建模过程①。教师在引导学生逐步构建模型、探究解决方案的过程中，能够将数学知识点融入实际问题中，使学生在解决问题的过程中逐渐领悟和掌握相关知识。这种系统的教学方式有助于避免教师孤立地传授知识点，更加贴近实际应用，提高学生的学习兴趣和学科的实用性。

七、高职数学教学的混合式教学模式

（一）混合式教学概述

混合式教学结合课堂教学与课后服务，具有传统课堂的真实性和线上学习的高效性。通过合理搭配传统与现代化教学手段，借助信息技术平台调整当前课程的结构，实现线上线下教学精准对接，促进师生互动。利用混合式教学，可以进行个性化学习和协作式学习，结合教学辅助移动终端设备建立“第一课堂”和“第二课堂”，针对高职教育时间零散化的特征，协调课内课外教学工作，使数学学科课堂教学氛围得到改善，让学生对数学学科的知识点有更深层次的了解，提高数学教学效率，以满足当前高职教育改革的要求。

（二）高职数学教学中运用混合式教学模式的作用

混合式教学模式是把教学活动及网络指导互相融合，将线下课堂及线上平台衔接，对多个教学资源进行整合优化，打造全新的现代化教育体系。混合式教学模式涉及预习、课堂讲解、课后延伸及评价优化等多个环节，不仅能够激发学生的学习主动性，提高学生对数学活动的参与程度，还可以彰显教师的指导职能，帮助学生深入巩固现有知识点，是现代化教育创新与发展的有效途径。

1. 混合式教学模式便于加强学生自主学习意识

通过混合式教学活动的开展，教师能够巧妙融合线上资源及线下课堂内容，带领学生

---

① 王英．“互联网+”背景下的数学建模思想融入高职数学教学路径探索［J］．技资讯，2023（12）：184.

系统性掌握知识技能。在教学平台的帮助下，学生事先预习知识，主动参与在线课堂学习活动，对所学知识查漏补缺。可见，混合式教学模式打破了时空约束，让学生拥有了自主学习的意识。课前预习的过程不仅能够帮助学生树立自主学习意识，还能够引导学生深入探索课堂学习的内容，及时将学生的学习情况反馈给教师，便于教师有效改进，提高教学质量。高职数学教师可在教学中设置良好的情境，指导学生观看视频、图片，并将其加入课前预习活动中。课堂上，学生针对自己在预习中遇到的问题可咨询教师，使教师更加了解学生的学习状态，也使学生逐步感觉到数学的生动性，自然而然地增强其学习数学的信心，养成自主学习意识。

2. 混合式教学模式便于顺应学生个性成长需求

高职数学教师采取混合式教学模式开展教学活动，灵活发挥网络资源的作用，可满足不同学习层次需求的学生，学生能有针对性地掌握知识点，健全数学知识体系。例如，数学学科中的抽象性知识，学生可利用视频库教学资源，观察数学知识的动态形成过程，赋予数学学习活动趣味性与直观性，形成深刻印象。开展线上线下相结合的教学活动可使教师为学生展现生动的图形，使学生易接受，激发学生的学习动力。与此同时，教师借助混合式教学模式，对传统教学模式加以整合优化，发挥网络教育的便捷性，引导学生结合信息技术呈现的内容深入探索并实践，为学生提供个性成长的条件，满足学生个性发展需求。

3. 混合式教学模式便于拉近师生之间距离

在教学活动中，高职数学教师如果能够巧妙地融入混合式教学模式，赋予教学方法多样性，可以激发学生的学习兴趣。教师借助网络平台发布习题训练内容，每一名学生都能够讲述自己心中的想法，特别是性格内向的学生可以通过网络与教师交流，减少学生内心压力，给学生带来良好的学习体验。教师结合理论知识为学生设计实践活动，一方面加强学生对知识点的掌握；另一方面培养学生的综合实践能力，进一步体现数学的实用性，指导学生结合自己的学习情况调整学习方法，与学生保持高效沟通，增强师生之间的信任和理解，拉近师生之间的距离。

4. 混合式教学模式便于实现教学相长

高职数学教师带领学生参加数学学习活动最关键的目的是培养学生核心素养，核心素养涉及学生研究数学知识的能力、逻辑思维能力及综合实践能力。然而，以往的课堂教学中学生自主思考的时间不多，对知识点掌握得不够透彻，阻碍了学生核心素养的提高。通过混合式教学模式，教师能够基于学生本位，科学设计教学环节，采取有效的教学方法，吸引学生注意力。教师利用多样化的教学手段，带领学生自主思考，同时学生能够自主进行网络训练，进一步掌握知识点，从而提高其核心素养。从教师的视角来看，要想灵活应用混合式教学模式，则需要设计满足高职学生全面发展的教学方案与教学内容，以“生”为本健全教学体系。可以说，混合式教学模式对教师的教学能力和教学水平作出了严格要求，需要教师持续整合教学方法，创新教学内容，增强自身执教能力，从而实现教学相长。

（三）在高职数学教学中实施混合式教学的必要性

1. 学科发展需求

随着社会水平的不断发展与进步，社会对人才的综合素质要求越来越高，市场对人才的关注程度也越来越高。高职教育中的每一门课程都需要有效的体系作为支撑，否则后续教学活动的开展就会缺乏理论依据。数学学科不仅需要理论的支持，而且需要学生参与和融入。混合式教学可以使数学教学与教育需求接轨，为后续全面课程改革作好铺垫。

2. 个人发展需求

数学作为高职教育中的重要部分，其主要目的是开发学生的逻辑思维与认知能力。但是，目前部分学生在数学课堂中的表现不够理想，对知识的掌握和理解能力一般，导致教学任务和目标难以达成。为了改变此现状，教师要注重学生的个人发展需求，借助混合式教学这一模式，配合现代教育手段，融合多种教学方式，生成“第一课堂”和“第二课堂”，有效地提高学生的学习兴趣与课堂注意力，激发学生学习数学的热情。

（四）高职数学教学中运用混合式教学模式的原则

高职数学教师要想全方位体现混合式教学模式的价值，最大化提高教学质量，应该坚持如下原则。

一是指导学生主动参与。混合式教学模式并不是固定的一种方法，教师需要时刻指导学生主动参与，了解学生课堂活动的参与情况，转变学生被动学习状态，确保学生能够全面思考和研究，不断强化学生的学习兴趣。

二是指导学生循序渐进学习。由于高职数学的知识点比较抽象，部分高职数学涉及解析几何及高等代数等诸多重要知识，教师需要运用合适的教学模式指导学生循序渐进，确保学生能够在深入探索的过程中积累知识技能。特别是针对重点知识和难点知识的教学，教师要巧妙地分解知识点，帮助学生降低学习难度，不断提高学生学习效率。

三是指导学生个性化学习。高职学生之间存在着学习能力的差异，教师应该采取个性化教学思路，做到因材施教。由于教师资源存在局限性，无法落实一对一教学指导，因此，教师要通过混合式教学模式进行个性化教学，可以纳入分层教学，事先掌握分层教学的基本原理和教学策略，带领学生进行网络预习及网络学习，使每一个学生都能够结合本身学习情况调整学习方法，潜移默化地加强学生学习有效性，促进学生个性化学习以及成长。

四是指导学生自主探索。混合式教学模式主张学生自主探究和实践，教师要通过线上线下结合的方法带领学生分析所学的内容，使学生对即将学习的内容有初步认知，进而有条不紊地开展后续教学活动。课堂上，教师带领学生进行自主探索，能够促进学生思维不断发散。当学生取得一定进步时，教师可对学生的表现进行赞扬和肯定，同时鼓励其他学生积极学习，共同突破学习难关。在学生自主探索的过程中全方位增加学生知识储备，促进学生深入剖析现有知识，加强学生实践能力，有助于促进数学教学效率的最大化。

第二节　高职数学教学的相关理论

一、建构理论

建构主义学习理论是建立在学习者基本认知能力基础上的理论，而学习者基本认知能力主要源于教师本人对学生知识的传授。建构主义者注重学生基于自己的体验，积极地探究新的知识，而不仅仅是被动地接受教师所传授的知识，且其着重于学生在学习过程中的质变，即积极地对知识结构进行建构的过程。建构主义学习理论强调学习者在学习中认知结构的构建，并注重新旧经验在学生学习过程中的交互作用。

建构主义学习理论的基本思想主要包括知识观、学生观、学习观和教学观。知识观是建构主义思想中的核心问题，它将知识看作对客观世界的真实反映和精准描述，是客观存在的，与认识无关。因为知识能够正确反映外在事物，所以才被认作客观真理，而认识也才由此形成。在建构主义学生观中，教师和学生都占据重要地位，只有师生双向互动，才能够建构起教学过程。它既肯定学生的主体性，又强调教师的主导作用。

建构主义学习理论引入了情境、交流、协作、意义建构这四大学习环境要素。首先，教师要在建构主义学习理论基础上注重教学的情境性，在教学中，通过创造一些典型的情景，并根据学生的心理发展的特点，让学生真正体会到课堂学习的快乐。其次，教学实践告诉我们，教学质量与学生的课堂参与度之间存在着密切的联系，在教学活动中，师生、生生之间的交流和互动是不可缺少的环节，在课堂上，教师的教学行为尤其要注意与学生之间进行沟通交流和互动，鼓励学生以独立的思维方式和别人进行沟通。然后是协作，在课堂上会有很多的活动环节，而这些活动都需要教师和学生共同努力去开展和完成，这样也能让学生学会在独立学习和团队合作的基础上去解决问题。最后，进行意义建构，指的是让学生在已有经验和外部经验共同作用的基础上，强化学生的逻辑思维和自我建构的能力。因此，学生在课堂上的学习就是一个自我建构的过程，同时教师课堂教学行为对学生的学习收获会产生影响。

二、情境认知理论

20 世纪 80 年代布朗及其同伴发表了《情境认知与学习文化》一文，该文章指出学习只有面向真实的情境时才有意义。情境认知理论认为知识是具有情境性的，在活动中，在丰富的情境中不断被运用和发展着[①]，知识从生活中来，最终还要回到生活中；认为学习不应当局限于学习者个人的知识习得，而应当在社会活动中加以把握和提升[②]；该理论还认为只有将教学置于真实的情境中，有意义学习才有可能发生。知识本身就产生于现实生活，如果将知识从生活中剥离出来，对于学生来说并不是一件好事，因此教师在教学中应该将知识与情境紧密结合，注重教学情境的创设[③]。学校是一个将知识系统地传递给学生的地方，因此更不能忽视知识与生活的联系，将知识脱离生活单独呈现在课堂之上。教师在教学中创设生活化的教学情境，一方面可以让课堂走进生活，另一方面可以让学生回归生活，真正实现知识与生活的紧密结合。学生在真实的情境中学习，头脑中呈现的不再是死板的知识，而是一个个与生活相关的经验，从而让学习变得更有意义和乐趣。

情境认知理论的核心在于强调学习的情境依赖性，即学习活动应当与学生的生活经验和实际情境紧密相连。这一理论认为，当学习内容与学生的个人经验和社会环境相结合时，学习效率会显著提高。因此，教师在设计课程和教学活动时，应当考虑如何将抽象的知识点转化为具体的、可操作的情境，以便学生能够在模拟或真实的情境中进行探索和实践。

在实际教学中，教师可以通过多种方式来创设情境化的学习环境。例如，教师可以利用角色扮演、模拟游戏、实地考察、项目式学习等方法，让学生在参与中学习，在实践中理解。这些活动不仅能够帮助学生将理论知识与实际问题相结合，还能够培养学生的批判性思维、解决问题的能力和创新精神。

情境认知理论还强调了社会互动在学习过程中的重要性。学习不仅仅是个体的行为，更是一个社会化的过程。通过与同伴的合作和交流，学生可以分享观点、讨论问题、共同解决问题，这样的互动能够促进学生认知的发展和社会技能的提升。因此，教师应当鼓励学生之间的合作学习，创造一个支持性的学习环境，让学生在相互支持和鼓励中成长。

此外，情境认知理论还提倡教师在教学中采用多元化的评价方式。传统的考试和测验往往侧重于对学生知识掌握程度的评估，而忽视了学生在实际情境中应用知识的能力。情境认知理论认为，评价应当关注学生在真实情境中的表现，包括他们的合作能力、沟通能

---

① M. P. 德里斯科尔．学习心理学：面向教学的取向［M］．3 版．王小明，译．上海：华东师范大学出版社，2007.

② 伍志鹏，吴庆麟．认知主义学习观与情境主义学习观［J］．心理探索，2010（10）：48-51.

③ 盛洁．情境教学理论指导下的初中生物学微课教学资源的开发与利用［D］．昆明：云南师范大学，2021.

力、创新能力和问题解决能力。通过项目评价、表现评价、自我评价和同伴评价等多种评价方式，教师可以更全面地了解学生的学习进展和能力发展。

三、STSE 教育理论

STSE（是 Science，Technology，Society，Environment 的首字母缩写）教育理念是国际理科教育改革的热点之一，是在 STS 教育的基础上进一步完善的，其核心思想是教育要加强与科学、技术、社会、环境四个方面的联系，其中，科学是 STSE 教育理念的基础，技术是连接科学和社会的纽带，社会是 STSE 教育的导向和切入点，环境是 STSE 教育理论的重要补充。实际上这四个方面也给生活化教学带来了一定的启示：教学情境的创设可以从科学、技术、社会和环境等方面入手，经济的高速发展最直观的体现就是科学技术的发展，新技术涉及的化学反应原理也是高考的命题热点之一，科技发展的同时会对环境产生一定的影响，如何解决技术带来的环境问题也需要学生积极思考，这在一定程度上培养了学生的科学态度与社会责任，提高了化学学科核心素养。社会更是与学生的生活紧密联系，生活中处处有化学，通过开展生活化教学，培养学生分析和解决问题的能力，增强学生适应社会生活的本领。

STSE 教育理论强调了科学、技术、社会和环境之间的相互作用和影响，它要求教育者在教学过程中不仅要传授科学知识，还要关注这些知识如何影响社会和环境，以及技术如何作为桥梁连接科学和社会。这一理论的实施有助于学生形成全面的科学观，理解科学知识在现实世界中的应用，以及科学、技术、社会和环境之间的复杂关系。

在教学实践中，可以采用多种策略来贯彻 STSE 教育理念。教师可以通过案例研究、项目式学习、探究式学习等方式，让学生参与到真实的科学和技术问题中，从而理解科学知识是如何在社会和环境中发挥作用的。STSE 教育理论还强调了学生的批判性思维和创新能力的培养。在教学过程中，教师应当鼓励学生提出问题，进行假设，设计实验，分析数据，并基于证据进行推理。这样的教学方法不仅能够帮助学生掌握科学知识，还能够培养他们的科学探究能力和创新精神。STSE 教育理论要求教师在教学中注重学生的情感态度和社会责任感的培养。教师应当引导学生认识科学和技术的发展对社会和环境的影响，以及作为未来公民应当承担的责任。通过教学活动，学生可以学习到如何负责任地使用科学和技术，以及如何在社会和环境中发挥积极作用。

总之，STSE 教育理论为理科教育提供了一个全面的框架，它强调了科学、技术、社会和环境之间的相互联系，要求教育者在教学中不仅要传授知识，还要培养学生的综合素养，包括科学态度、社会责任感和环境意识。通过实施 STSE 教育理念，学生不仅能够获得知识和技能，还能够成为具有批判性思维、创新能力和社会责任感的终身学习者。随着

社会的发展和环境问题的日益突出，STSE 教育理论将继续在教育改革中发挥重要作用。

四、多元智能理论

（一）多元智能理论及其评价理念梳理

美国教育心理学家霍华德·加德纳是多元智能理论的提出者。1983 年，加德纳教授作为“人的智力潜能及其开发”研究项目中创造力研究的领导者，通过广泛的心理学研究，提出了一种多元理论思想，该思想旨在了解不同认识类型和能力对于独立个体的认知方式和对世界的理解，证明了人类的思维和认知方式是多样化的。因此，他在同年编写的《智能的结构》中正式提出了多元智能理论。多元智能理论的提出彻底颠覆了传统智力观念，给教育和心理学领域带来了新的思考和探索。在此之后他又于 1999 年、2006 年编写了《智力的重构》和《多元智能新视野》两本著作，对多元智能理论进行了更为详细的解读。目前，加德纳教授对智能的最新定义为：“智能是一种信息运算能力、是处理某种类型信息的能力、是源自人类生物学和人类心理学的能力①。”起初，他认为人的智能包括语言、数理逻辑等 7 种智能。后期随着加德纳教授对多元智能理论进行更深入的研究后，又在《智力的重构》中补充了自然观察和存在智能。对于存在智能，因它只满足 8 个判据中的 7 个判据，因此被称为半个智能②。

加德纳主张评价是一个持续发展的过程，既要注重发掘每个学生的优势智能，也要承认个体差异、倡导真实客观的评价方式。多元智能评价理念具有评价内容、评价主体和评价方式多元化等特点。在对学生进行评价时，应将学生评价与教学相融合，使学生评价置于特定的情境中，通过各种方法和手段，考核学生多种智能的发展情况。教师在教学过程中应对学生的优势和弱势智能进行全方位的观察、评估和分析，以“为多元能力而评”的理念对学生进行多元评价。

（二）智能的具体含义和关系阐述

1. 语言智能

语言智能是“对语言文字的理解、掌握和运用能力”。“个体的语言智能与语言学习能力、运用语言实现目标能力以及对口头或书面语言的敏感程度密切相关，对有效地交流和表达思想至关重要③。”对普通人而言，语言智能的主要作用包括解释和说明事物、表达和劝说观点、帮助记忆和理解以及自我辩解和解释。

---

① Howard Gardner. Multiple Intelligences：New Horizons ［M］. New York：Basic Books，2006.

② 沈致隆. 多元智能理论的产生、发展和前景初探［J］. 江苏教育研究，2009（9）：17-26.

③ Howard Gardner. Intelligence Reframed：MultipleIntelligences for the 21st Century ［M］. New York：Basic Books，（Kindle）1999.

2. 数理逻辑智能

数理逻辑智能是“具备进行数学、逻辑推理以及科学分析问题的能力[①]。”自幼年开始，此智能就不断发展。从幼年时对某些事物临时记忆的联结，到少年后对少数事物的简单估计、对数量关系含义的简单了解，再到青年后可以通过观察事物的本质来进行更深入的计算和领悟等等，都体现了数理逻辑智能的存在。

3. 空间智能

空间智能是指人类大脑能够建立外部世界模型，并能够利用和操作这个模型的能力。简单来说，就是人类能够理解和利用空间信息的能力[②]。这种能力使得人们能够感知和理解周围的环境，同时也能够在其中进行导航、定位、规划和执行各种任务。空间智能与其他智能相比更加抽象，此智能有优势的人，不仅可以熟练使用视觉能力，还可以不借助视觉的帮助，在大脑中进行空间想象和思维建构。

4. 音乐智能

音乐智能是指个体对音乐元素的理解和运用能力，是“涉及表演技巧、音乐作品创作和欣赏音乐作品的能力[③]”。音乐智能受遗传因素影响，有的人从幼儿时期就对音乐有着极高的敏感性，他们可以感受到各种声音和节奏的变化，也可以对其进行模仿；有的人天生五音不全，也不能辨别不同声音之间的细微变化，所以音乐智能有很强的个体差异特性。

5. 身体运动智能

身体运动智能是指“通过身体运动的方式来表达或实现自己的想法和创意的能力[④]”。此智能主要依赖身体在协调能力、灵活性和精准性方面的表现。运动员、舞蹈演员、表演艺术家都在身体运动智能方面有较大优势，具体表现在个人对身体的控制和运用能力以及对各种物体的操控能力。

6. 人际智能

人际智能是指“个人理解他人意图、想法和动机，从而与他人进行高效协作的能力[⑤]”。政治家、企业家、心理学家在人际智能方面都具有较大优势。在全球化的时代，人与人之间的联系更加紧密，这种联系可以缩短人与人之间的距离，可以帮助人们更高效

---

① 沈致隆．加德纳·艺术·多元智能［M］．北京：北京师范大学出版社，2004.

② 沈致隆．加德纳·艺术·多元智能［M］．北京：北京师范大学出版社，2004.

③ Howard Gardner. Intelligence Reframed：MultipleIntelligences for the 21st Century［M］. New York：Basic Books，1999.

④ Howard Gardner. Intelligence Reframed：MultipleIntelligences for the 21st Century［M］. New York：Basic Books，1999.

⑤ Howard Gardner. Intelligence Reframed：MultipleIntelligences for the 21st Century［M］. New York：Basic Books，1999.

快速地完成工作。因此，人际智能就显得尤为重要。

7. 自我认知智能

自我认知智能是指个人对自己的能力、知识和观点有清晰的认识，并能够及时地对自己的思想、行为和决策进行评价和反思的能力。"包括自我了解、处理自我欲望、恐惧、能力的方式，并利用这些信息来有效地调整自己行为的能力[①]。"此智能是个人不断提高的基础，它本质是一种精神上的刺激，在日常的学习和生活过程中，当个人为自己的错误而后悔并决心改正时，就是自我认知智能的有效表现。

8. 自然观察智能

自然观察智能是指个体能够认识和利用自然环境和社会环境的能力。认识自然的前提条件是具有洞察力、探寻力、侦查力等，商人、侦察兵、政治家在自然观察智能方面都具有较大优势，机敏的观察能力是洞悉事物内在联系的首要因素。

9. 存在智能

"存在智能的概念源于人类对于存在问题的思考。这些问题涉及人类自身的本质例如生命的意义、死亡的原因、人类的起源、未来的走向、爱情的本质以及战争的原因等方面。这类问题超越了人类感官的限制，无法通过感官来直接感知[②]。"

10. 各智能间的关系阐述

从加德纳教授的众多著作中，我们可以总结出各智能间的关系。第一，就智能的概念和本质而言，各智能之间保持着相对独立的关系，彼此之间的影响程度很小，甚至没有影响；第二，每个人的智能结构都由多种发展程度不同的智能组成，使个体具备了多元化、个性化的特点，正是因为每个人的智能发展情况互不相同，才使得每个人都是独一无二的；第三，所有智能互相合作互补是形成完整个体智能的基础，因此不会出现一个人完全缺失某一智能，最多也就是智能发展不健全；第四，智能没有高低是非之分，也没有哪种智能是道德的或者不道德的。严谨地说，智能和道德没有关系，每种智能都具有双重性，为社会作出贡献或对社会造成破坏仅仅在一念之间[③]；第五，几种智能同等重要[④]。

---

① Howard Gardner. Intelligence Reframed：MultipleIntelligences for the 21st Century［M］. New York：Basic Books，1999.

② Howard Gardner. Multiple Intelligence：New Horizons［M］. New York：BasicBooks，2006.

③ Howard Gardner. Intelligence Reframed：MultipleIntelligences for the 21st Century［M］. New York：Basic Books，1999.

④ Howard Gardner. Intelligence Reframed：MultipleIntelligences for the 21st Century［M］. New York：Basic Books，1999.

（三）智能的性质

1. 差异性

人与人的智能发展情况各不相同，都会有优势智能和相对劣势智能，“所有智能的发展情况和相互之间的关系，会随着个人经历的增长而不断变化”①。加德纳教授认为，个体智能是由至少八到九种不同类型的智能组合形成，这些智能的表现会受到基因和社会环境的影响，并且会随着时间的推移而不断发展和变化。因此，每个人的智能表现都具有异于他人的特点和差异，并且这些差异会随着个体智能的发展更加明显。通常，优势智能都是显性的，例如数学家们在数学和自然科学领域方面天赋很高，但是他们的身体运动能力就较弱一些。所以，单单用考试成绩来评价学生是否优秀已经不适用于当今社会的发展。

2. 共存性

多元智能理论中提到，每个人生来就具备所有智能且所有智能共存，不会出现此起彼落的情况，一种智能的提高并不会引起其他智能的削弱②。换言之，智能是以“非零和模式”共存的。

3. 发展性

加德纳认为，每个人在适当的机会下都可以使自己的任何一种智能得到不同程度的发展③。其他国家的文化渗透、教育和培养的发展情况、符号系统的变化和发展、个体的主观意愿、支持系统对个体的激励和接纳等都对个体智能的发展起着重要的作用。因此，我们应深化新时代教育评价改革的理念，推动教学评价手段多元化、综合化发展。

4. 协作性

“事实上，在时代发展过程中，各智能从生命开始之初就相互作用、互为基础了。”④在完成工作和解决困难的过程中，不同的智能一直在合作。加德纳教授认为，人类生活在一个错综复杂、变化不定的环境中，这种复杂的环境为不同类型的智能相互组合提供了机会⑤。现在的社会除了看重个人的学历和成绩外，也越来越看重个人在工作中发现问题、解决问题的能力，即综合能力的考核。所以，多种智能的有效协作就显得尤为重要。

---

① Howard Gardner. The Disciplined Mind：Beyond Facts and Standardized Tests，the K-12 Education That Every Child Deserves［M］. New York：Penguin Group（USA）Incorporated，1999.

② Howard Gardner. Frames of Mind：The Theory of MultipleIntelligences［M］. New York：Basic Books，1983.

③ Howard Gardner. Frames of Mind：The Theory of MultipleIntelligences［M］. New York：Basic Books，1983.

④ Howard Gardner. Frames of Mind：The Theory of MultipleIntelligences［M］. New York：Basic Books，1983.

⑤ 霍华德·加德纳. 多元智能［M］. 沈致隆，译. 北京：新华出版社，2004.

（四）智能发展的影响因素

1. 智能发展的根本要素是遗传和基因

加德纳教授对遗传和基因在智能发展中所起的作用给予了高度的评价，他觉得智能发展的根本要素就是遗传和基因。由于所有智能都是遗传基因的一部分，因此在人生的开始阶段，每种智能都会以相同的形式出现，并不会受到教育和文化的影响[①]。加德纳着重强调了智能发展的根本要素："人的生长过程具备很强的灵活性和可塑造性，特别是在婴儿出生后的数个月内愈发明显。但是，这种可塑造性还是要受到遗传基因的限制。从出生之初，遗传基因的控制就开始起了作用，并指引着智能朝着特定的路线发展[②]。"与此同时，加德纳也反对"智能发展遗传基因最重要"的观念，他始终主张先天与后天的结合，并尽量避免把遗传要素和文化要素对立起来。正是因为加德纳教授前期具有研究脑损伤病人、天才儿童、智障儿童等特殊群体的经验，所以才能够为多元智能理论的研究提供遗传学、生物学的理论依据，因此他坚信在智能发展过程中遗传和基因起着非常重要的作用。

2. 环境为智能发展创造条件

加德纳认为，智能发展受到环境影响的重要性仅次于先天遗传基因。自人类诞生以来，环境因素一直在塑造智能，并且有越来越多的证据显示，在人还没有出生之时，环境就已经对人的智能产生了一定的影响[③]。加德纳教授指出，"只要我们的大脑没有受到过任何伤害，并且有适当的环境和平台来促进某种智能的发展，那么这种智能肯定会得到良好的发展。同理，如果个体没有身处那种环境的话，那么此智能的发展是十分困难的[④]"。总之，环境因素对个人智能的发展起着十分重要的作用。

3. 教育促进个体智能发展

加德纳教授从教育促进个体智能发展的角度论述了智能与教育的关系。一种观点是强调教育在智能发展中所担任的角色，主张教育应根据智能的发展轨迹，不断地做出调整，"教育的方式方法应随着智能的发展而不断调整，也必须按照智能发展的轨迹对教育进行客观评价[⑤]"。另一种观点则是关注在教育与培养过程中优势智能逐渐凸显出来的过程，"一个人的人生道路取决于他们不断发展的能力和技巧，这些能力和技巧是在智能水平的基础上发展起来的[⑥]"。加德纳教授强调，要想实现智能的可持续发展，这三大影响因素

---

① 霍华德·加德纳. 多元智能［M］. 沈致隆，译. 北京：新华出版社，2004.

② Howard Gardner. Frames of Mind：The Theory of MultipleIntelligences［M］. New York：Basic Books，1983.

③ Howard Gardner. The Disciplined Mind：Beyond Facts and Standardized Tests，the K-12 Education That Every Child Deserves［M］. New York：Penguin Group（USA）Incorporated，1999.

④ 霍华德·加德纳. 多元智能［M］. 沈致隆，译. 北京：新华出版社，2004.

⑤ Howard Gardner. Multiple Intelligences：The Theory in Practice［M］. New York：Basic Books，1993.

⑥ 霍华德·加德纳. 多元智能［M］. 沈致隆，译. 北京：新华出版社，2004.

必须共同协作。他认为智能的发展不仅依赖生物学基础，而且受到环境、文化、教育和培训等多种因素的影响，“没有环境等因素的正面支持，再有天赋的人也很难发展智能①。”所以，在高职数学教学工作中，我们应给学生提供相应的环境因素，以确保学生个人智能的正向发展。

五、目标分类理论

美国著名心理学家克拉斯沃尔和布鲁姆在他们共同出版的《教育目标分类学》中将教育目标分为三个领域：认知领域、情感领域和动作技能领域②。其中认知领域和动作技能领域在教学中已得到广泛运用，而情感领域却未能获得相同的关注和地位。

与认知领域的教育教学活动相比，情感领域的教育教学活动具有许多自身的特点。从教育教学活动的对象来看，情感领域比认知领域具有更明显的主观色彩，从心理学角度看，兴趣、爱好、态度、情感、价值等都可纳入情感领域范畴。与认知领域相比，布鲁姆的情感领域目标分类理论更注重内化，认为“内化”是人的情感发展过程的理论基础，认为内化是一种“内部的生长”过程③。而高职数学教学也强调价值的内化过程，因此，情感领域的目标分类理论具有丰富的教育意义，应以该理论为依托，确定高职数学教学目标，制定教育框架，融入数学教学设计与实践，践行立德树人的根本教育理念。

依据价值内化的程度，情感领域的教育目标从低到高分为接受、反应、价值评价、价值观的组织、个性化五个层次，揭示了人的情感发展的一般规律④。而情感教育正是教育的重要组成部分，正确利用情感教育促进高职数学教学，可以帮助学生引发情感共鸣，树立正确的“三观”，能有效指导教师在课堂教学中落实情感教育目标、科学合理地制定教学目标，实现专业课与高职数学教学的结合。

在借鉴目标分类理论基本精神指导我国高职数学教学时，必须从我国高职数学教学的实际现状出发，进行必要的改造、转化和创新。布鲁姆等学者在编著原版目标分类理论的时候，就始终把这个理论看成进步的、发展的。

---

① Howard Gardner. Frames of Mind：The Theory of MultipleIntelligences［M］. New York：Basic Books，1983.

② A A F. Bloom Taxonomy Of Educational Objectives And The Modification Of Cognitive Levels［J］. Advances in Social Sciences Research Journal，2018，5（5）：76-79.

③ 齐鹏飞．全面实现思政课程与课程思政的同向同行［J］．中国高等教育，2020（2）：4-6.

④ 唐瑞芬．关于布鲁姆教育目标分类学的思考［J］．数学教育学报，1993（2）：10-14.

第三节　高职数学教学的现状与存在的问题

一、高职数学教学的现状

（一）高职数学教学取得的成效

在我国教育体系当中，数学一直以来都作为一门重要的基础性课程而存在。开展数学教学的目的不仅仅在于数学知识本身，更能够对建筑、物理等课程教学起辅助作用。因此，高职院校向来都十分重视数学课程教学，尤其是在倡导教学改革的当下，数学课程也自然而然地最先进入教学改革的进程中。在教学改革的助力下，高职数学教学水平全面提高，无论是教学资源的拓展还是教学环境都得到了极大的改善。为追求高质量的数学教学成效，一些院校纷纷建立了数学实训室、教研室，不仅配备了专业的数学计算机工作站、计算机、触控一体机、多媒体教学系统等设备，还组织院校优秀数学教师成立了专业教研室，专门围绕数学知识、数学教学问题开展项目研讨活动。为高质量、高效化数学教学目标的实现，奠定了充分的理论和实践基础。

（二）高职数学教学面临的机遇

1. 促进个性化和互动性学习的新途径

信息时代，新媒体和数字化技术在高职数学教学中的推广，为个性化和互动性学习的实现提供了强大的支持，其核心在于媒体技术的多样性和灵活性。这种融合方式改变了传统教学的局限性，为每位学生提供了更加个性化的学习体验，显著增强了教学过程中师生的互动。

其一，多样化的新媒体允许教师利用各种数字工具和资源来满足学生的个体学习需求。例如，通过在线学习平台和智能教学系统，教师能够追踪每个学生的学习进度，识别他们的强项和弱点，并据此提供定制化的教学材料和练习。这种方法不仅增强了教学内容的相关性，还使学生能够根据自己的需求和速度学习，从而显著提高学习效率和成效①。

其二，数字化技术的融入增强了数学教学的互动性。利用互联网和多媒体技术，教学环境变得更加开放，学生可以通过在线讨论、协作项目等方式与同学和教师进行更深入的交流。这种互动不仅限于课堂内部，还可以扩展到课外，如通过在线论坛或社交媒体平台讨论。这种教学方式鼓励学生主动参与、共享想法，从而增强他们对数学概念的理解和应

① 郝晓英．论新媒体环境下高职数学课程的设计［J］．新闻研究导刊，2023，14（13）：154-156.

用能力[①]的提高。

2. 数学教学内容与方法的创新

媒体融合为高职数学提供了创新教学内容和方法的机会，这一变革的核心在于技术的多功能性和互动性，由此为数学教学带来了新的维度，为学生提供了更深入的数学学习体验。

媒体融合首先推动了教学内容的创新。传统的数学教学内容通常是围绕公式和理论概念展开的，但在媒体融合的环境下，教学内容得以拓展为更加动态和视觉化的表现形式[②]。例如，利用动态图像和模拟软件，复杂的数学概念可以通过视觉化方式呈现，使得学生能够直观理解并掌握这些概念。数字媒体资源的丰富性有利于将现实生活中的案例和应用问题融入教学中，凸显教学内容的实用性和生活化，从而更好地满足高职教育的需求。

在教学方法上，媒体融合同样带来了创新。传统的一对多讲授模式正在向更加注重互动的学习模式转变。利用在线互动平台，学生可以参与到更多的讨论和协作中，这不仅增强了学习的动态性，还促进了学生之间的交流与合作。

此外，媒体融合还允许教师采用更灵活的教学策略，如翻转课堂、项目驱动学习等，这些方法能够更好地激发学生的主动学习意识，强化和提高他们的批判性思维和解决问题的能力[③]。

3. 提高教学效率与学生参与度

在媒体融合的背景下，高职数学教学面临着提高教学效率与学生参与度的显著机遇。这种变革的关键在于媒体技术的互动性和引人入胜的特点，这些特点激发学生的学习热情，为他们提供更加全面和深入的学习体验[④]。

媒体融合通过提供丰富的视觉和互动元素，极大地提高了数学教学的吸引力和效率。传统的数学教学可能由于过于抽象和理论化而让学生感到枯燥乏味，但在媒体融合的环境中，复杂的数学概念可以通过动画、视频和互动模拟等方式变得生动和易于理解。这种直观的表达方式不仅能帮助学生更好地掌握数学知识，还激发了他们对学习内容的兴趣。

此外，媒体融合还促进了学生的主动参与和互动。借助各类在线平台和工具，学生可以更加自主地探索数学问题，参与讨论和协作。这种参与式的学习环境鼓励学生主动发声、分享观点，并与同学和教师互动，从而强化学习的动态性和互动性。学生的这种积极

---

① 樊效炘．高职数学教学中线上线下双向融合教学的应用［J］．江西电力职业技术学院学报，2022，35（7）：39-40.

② 张超．高职数学教学思考与探索［J］．科学咨询（教育科研），2023（6）：98-100.

③ 孟宪康．基于“互联网+”技术的混合教学模式在高职数学教学中的应用研究：评《信息化背景下高职高等数学教学创新研究与实践》［J］．中国科技论文，2023，18（4）：470.

④ 杨姗姗．新媒体背景下高职数学教学创新改革路径研究［J］．科技创新导报，2019，16（30）：176，178.

参与不仅有助于加深对数学知识的理解，还有助于培养他们的团队合作能力和沟通技巧，这种教学模式的创新对提高学生的学习效率和参与度具有重要意义①。

（三）高职数学教学面临的挑战

高职数学教学作为职业教育的重要组成部分，在培养技术技能型人才的过程中扮演着关键角色。然而，随着社会经济的发展和教育需求的多样化，高职数学教学也面临着一系列挑战。以下是对高职数学教学面临的挑战的详细分析。

1. 知识更新速度加快的挑战

随着科技的迅猛发展，数学及其应用领域的新理论、新方法不断涌现，这对高职数学教师的教学内容和教学方法提出了更高的要求。教师需要不断更新自己的知识体系，掌握最新的数学理论和应用技术，以便将这些新知识有效地传授给学生。同时，教师还需要关注数学与其他学科的交叉融合，培养学生的跨学科思维能力。

2. 教学资源不均衡的挑战

在一些地区和学校，由于资金、设备、师资等方面的限制，高职数学教学资源相对匮乏，这影响了教学质量和学生学习效果。为了解决这一问题，需要政府、学校和社会各界共同努力，加大对高职教育的投入，改善教学条件，丰富教学资源，提高教师待遇，吸引和留住优秀的数学教师。

3. 国际化的挑战

随着全球化的发展，国际交流与合作日益频繁，高职数学教学也需要适应这一趋势，拓宽教学的国际视野。教师需要关注国际数学教育的发展动态，借鉴国外先进的教学理念和方法，同时，还需要培养学生的国际竞争力，使他们能够在全球化的背景下更好地适应未来的工作和生活。

二、高职数学教学面临的问题

（一）课程教学资源

1. 教学资源质量参差不齐

在高职院校数学课程教学资源建设过程中，教学资源质量参差不齐是普遍存在的问题。这主要是由高职院校缺乏长远规划和有效的监管、评估机制所导致的。一方面，一些高职院校在教学资源的建设中缺乏长远的规划和考虑，仅仅是为了满足教学要求随意地收集和制作教学资源，导致教学资源质量不高。另一方面，一些高职院校在教学资源的评估

① 龚子明．信息技术视域下高职数学教学探讨［J］．科技风，2023（11）：104-106.

和监管方面也存在问题，如评估标准不明确、评估方法单一、评估周期较长等，导致教师无法及时发现和纠正教学资源中存在的问题。此外，教学资源质量参差不齐也反映了一些高职院校在数学课程教学资源建设中的投入不足，且对教学资源的建设不够重视，影响了教学质量和教学效果。

2. 教学资源的使用率不高

教学资源的使用率不高与教学资源的设计有关。有些数学教学资源存在设计不合理、质量不佳、难度较高等问题，从而降低了学生对教学资源的使用率。此外，教学资源使用的技术门槛也是影响教学资源使用率的一个重要因素。如果教师和学生缺乏必要的技术知识和技能，就难以充分使用教学资源。

3. 教学资源建设与课程实际需求不符

教学资源的建设是教育教学改革的重要内容，但是在建设的过程中，高职院校要结合实际教学，否则即使建设了大量的教学资源，也难以发挥其应有的作用。因此，高职院校必须对实际需求进行精准的分析和评估，以确保教学资源的建设与实际教学需求紧密对接。此外，高职院校在教学资源的设计和开发过程中，也应该充分考虑学生的学习特点和需求，才能更好地满足高职数学课程的教学需求，提高其教学质量。

4. 教学资源的评估机制不健全

教学资源是支撑高质量教学的重要保障，但教学资源评估机制不健全是当前高职教育中的一个不足。教学资源评估需要考虑多个因素，如课程设置、教材质量、教师授课水平等，但现有的评估机制过于简单，缺乏科学性和针对性，难以全面反映教学资源的实际质量和价值。此外，由于教学资源评估缺乏统一的标准和体系，不同院校之间的评估结果难以进行有效的比较和参考，也影响了教学资源评估的有效性和公正性。

（二）课程教学与实践

1. 实践环节缺乏

高职数学是一门实用性较强的课程，人们在日常生活中离不开运用数学知识。结合数学教学的实际情况，教师在教学过程中设计的实践环节较少，未能妥善处理理论知识和实践操作的关系，导致学生即便掌握了知识点，却不能在解决实际问题中灵活应用现有的数学知识，影响了学生实践能力的发展，无法凸显数学这门学科的实用性特征。与此同时，绝大多数高职学生缺少自主学习意识，未能形成良好的学习习惯，这体现在学生在课前预习中缺乏主观能动性，课堂学习过程中也没有深入剖析数学知识点的内涵，学生和学生之间、学生和教师之间的互动性不强，降低了数学教学质量，影响了学生数学素养的发展。

2. 基础课和专业课矛盾冲突

高职院校专业课课时安排多，公共基础课课时少，尤其是高数课，有的专业甚至不安排数学课，即使安排了，大多是一周一次课，学期短的话教学内容根本无法全部完成，有的学校安排入学第一学年的两个学期，而有的学校只安排一个学期学习数学，加剧了课时少和内容多的冲突。

3. 教师教学方法传统化

目前大多数教师还是采用传统教学方法，板书配合 PPT 教学课件的使用，尤其是数学课堂，少不了要在黑板上计算，这也受到课程内容的限制。首先，这种教学方式可能限制了课堂的互动性和学生的参与度，因为教师往往是课堂的中心，而学生则处于被动接受的状态。其次，板书和 PPT 的使用虽然直观，但可能缺乏足够的灵活性和创新性，难以满足不同学生的个性化学习需求。最后，随着科技的发展，现代教学工具如互动白板、在线资源和虚拟实验室等，能够提供更加丰富和动态的学习体验，而传统教学方法可能无法充分利用这些资源，从而影响了教学效果和学生的学习兴趣。

4. 实习就业带来的冲突

当今社会就业形势相当严峻，职业院校的专业更是与就业联系紧密，高职院校一般都是三年制学习，有的学校是两年在校理论学习，一年校外实习，有的学校是一年在校理论学习，两年校外实习，更有的是校企合作，边学边实践，所有这些都是为了学生能更好地掌握专业知识和技能，毕业后能顺利地入职和适应工作。这就导致了学生在校学习公共基础学科知识的时间少之又少，从而不能更好地学习一些专业边缘学科知识，尤其是数学课程知识。

（三）课程教学衔接

1. 衔接理论与实践差距

高职数学课程教学中衔接理论与实践差距表现在多个方面。在教学理论上，高职数学课程强调实用性和技能培养，理论指导着教学内容应更贴近实际应用，强化学生的实际操作能力。然而，在实践操作中，这一理论指导往往难以完全落实。例如，课程设计可能仍旧偏重于传统的理论教学，忽略了实际应用的重要性。这导致学生虽然掌握了理论知识，但在实际应用中却显得力不从心。在实际教学过程中，课程内容与市场需求之间存在脱节。理论上，课程内容应与行业需求紧密结合，确保学生毕业后能够迅速适应工作环境。但在实际教学中，由于教材更新不及时或教师对行业发展了解不足，使教授的内容往往滞后于市场的实际需求。这种情况在学生进入职场后表现得尤为明显，他们发现自己所学的知识与工作需求有较大差距。此外，教学方法与学生学习习惯之间也存在不匹配。在理论方面，教学方法应当灵活多样，适应不同学生的学习特点。但实际上，许多高职院校仍然采用传统的讲授式教学，忽视了学生主动参与和实践操作的重要性。这种教学方式不仅降低了学生的学习兴趣，还不利于学生实践技能的培养。最后，在评价体系上，理论倡导应该综合评价学生的理论知识与实践技能。但在实际教学中，考核方式往往过于单一，侧重于书面考试，缺乏对学生实际操作能力的考查。这种评价方式既无法全面反映学生的综合能力，也不利于激励学生提升实践技能。

2. 高中与高职数学课程衔接问题

高中与高职数学课程之间的衔接问题体现在课程内容、教学目标和学生能力水平的差异上。高中数学教育普遍偏重于理论基础和学术型知识的传授，注重数学理论的系统性和逻辑性，而相对忽视了数学知识在实际应用中的重要性。这导致高中毕业生在进入高职院校时，往往缺乏将数学知识应用于解决实际问题的能力。与此同时，高职数学课程更侧重于实用性和职业技能的培训，其教学内容和方式都是为了满足特定职业领域的需求。因此，高职数学课程常常包含大量的应用数学和与具体行业相关的数学知识，这与高中数学课程的重点存在显著不同。由于高中教育未能充分预见学生需面对的这种转变，学生在进入高职院校后常常感到不适应，难以迅速融入新的学习环境。此外，教学方法和评价标准的差异也是一个重要问题。高中数学教学方法单一，以课堂一对多授课形式为主，学生被动听课，极少涉及实践操作。而高职数学教学不但采用多种形式的线上线下授课方式，更注重学生主动学习和实操能力的培养。高中数学教育通常采用标准化的考试评估学生的学习成果，强调理论知识的掌握。而高职教育则更强调学生的实际操作能力和问题解决能力，考核方式更加多样化和偏向实践导向。这种差异使刚进入高职院校的学生在适应新的评价体系时面临挑战。还有，学生在高中阶段的学习习惯和心态与高职教育的要求也存在差异。高中教育倾向为高考准备，学生习惯应试教育的学习模式，而到了高职院校，更强调自主学习和动手实践，要求学生必须调整学习策略，培养独立思考和解决问题的能力。

3. 教学资源与环境衔接问题

教学资源与环境在高中与高职教育间的衔接问题体现在多个方面。教学资源，包括教材、实验设备和辅助教学工具，在高中和高职教育中往往存在显著差异。高中教育中使用的教材通常偏重于理论知识的传授，而高职教育所需的教材则更加注重实用技能和行业应用。这种差异导致学生从高中过渡到高职时，面临着必须迅速适应全新教材内容的挑战。在实验设备和实践操作方面，高职院校往往配备有更为专业和实用的设备，以满足职业技能训练的需求。相比之下，高中所提供的实验设备通常更多地用于基础科学教育，不足以支持高职教育中所要求的专业技能培养。这种设备上的差异使学生在初次接触高职教育时可能感到手足无措，无法有效地利用这些教学资源进行学习和实践。教学环境的差异也是

一个重要问题。高职院校的教学环境通常更加注重模拟真实的职业场景，以提升学生的职业适应能力。而高中教育环境则更倾向为学术学习提供支持，缺乏对职业技能培养的直接关注。这种环境上的转变要求学生不仅要适应新的学习内容，还要适应全新的学习环境，这对许多学生而言是一个不小的挑战。

4. 师资队伍与教学理念衔接问题

师资队伍与教学理念在高中与高职教育间的衔接问题表现为教师的专业背景、教学理念和教学方法上的差异。在高中阶段，教师通常具有较强的学术背景和理论知识，他们的教学重点在于为学生提供系统的数学理论教育，以应对高考和其他标准化考试。这种教学方式强调知识的广度和深度，但忽视了知识在实际职业中的应用。相比之下，高职教育更注重职业技能的培养和实际应用的教学。高职院校的教师往往需要具备与特定职业领域相关的实践经验和技能，他们的教学更侧重于实践操作和技能训练。这种教学理念和方法与高中教育相比呈现出很大的不同。由于这种差异，学生从高中过渡到高职院校时，可能会遇到理解和适应上的困难。他们习惯了高中数学教师的教学风格和方法，突然转变到职业技能导向的教学环境中，可能会感到不适应。这种不适应不仅体现在学习内容上，还体现在对教学方法和教学目的的理解上。此外，高职院校教师的教学理念和方法也需要随时更新。随着职业领域的不断发展和变化，高职教师需要不断地更新他们的知识和技能，以保持教学内容的时效性和实用性。这要求高职教师不仅要具备专业知识和技能，还要具备持续学习和适应行业变化的能力。

5. 学生认知水平与课程难度衔接问题

学生认知水平与课程难度之间的衔接问题体现在高中到高职的过渡中表现为显著的不匹配。高中教育中，学生通常接受以理论和学术为主的数学教育，这种教育重点在于培养学生的抽象思维和理论分析能力。然而，这种侧重点在学生进入高职院校后可能会遇到挑战，因为高职数学课程更侧重于实用性和应用技能的培养。由于这种教育重点的转变，学生在认知水平和课程难度上经常感到不适应。他们在高中阶段培养的理论和抽象思维能力，在面对高职教育中的应用性和实践性课程时明显不足。此外，高职数学课程中的实际问题解决和技能操作要求，与高中数学课程的学习内容和方法存在显著差异，这进一步加剧了学生的适应困难。此外，高职数学课程的难度设置也是一个关键因素。如果课程难度设置得过高，未考虑到学生从高中到高职过渡期间的认知水平，学生可能会感到挫败和困惑，难以跟上课程进度。相反，如果课程难度设置得过低，又无法充分激发学生的学习兴趣和潜能，导致学生的学习动力和发展潜力得不到充分的发挥。

（四）课程教学评价

1. 教学评价主体单一化

目前，大多数高职数学课程教学评价主要是以教师为主体进行的，学生在评价活动中处于被动地位，没有评价的主动权和积极性。虽然部分学校倡导学生参与教学评价，但实际上更多的还是局限于学习成绩较好的一批学生，并不能保证让每一名学生都积极有效地参与教学评价。教师单方面依靠主观上的感觉、个人的眼光和有限的专业判断对学生进行评价是不全面的，降低了评价的有效性；教师在尝试组织学生进行自评或互评的过程中，很少会提供具体的评价标准，加上学生本身没有形成评价意识，评价能力较为薄弱，故使得评价的效果并不理想；教师在教学过程中过于频繁地对学生进行评价，会使学生产生依赖性，不能真正静下心来思考自身在学习过程中的不足或发现其他学生身上优秀的学习方法，这必然会导致学生缺乏自省能力，盲目听从教师意见，无法结合个人学习习惯和方式对自身的学习形成正确认知，进而无法激发潜在的开拓创新意识并形成学习内驱力。

2. 考核内容片面化

在高职数学教学过程中，教师会对相关知识的概念、命题、定理、例题和证明等进行重点讲解，但在运用传统的期末考试方式对学生进行考核时，更多涉及的是以选择题、判断题和填空题为主的客观计算类题型，没有对高等数学的基础知识、理论技能和数学思维进行全面考查，也没有与高等数学在各个专业中的应用联系起来，这样学生往往意识不到高等数学学习的价值。此种考查和评价模式导致学生更重视期末的考试成绩，致使学生在数学课堂上不愿动脑思考，缺乏学习的兴趣和积极性，只在考试之前临时“抱佛脚”，突击式复习，死记硬背书上的数学公式和定理，存在应付考试的侥幸心理，在学习高等数学的过程中成为数学公式和常见题型的“搬运工”，这样不利于学生逻辑思维能力的发展，也难以全面客观地展现教师的教学水平，更缺少对学生分析、解决问题能力的评价。同时，教师仅对学生的学习成果，就是否掌握知识与技能进行评价，未能全面地了解学生的学习过程、学习进步和学习困难，也未能设计一定的教学活动深入把握学生在学习过程中的所思所悟、兴趣特点、解题思路、面对的困难及做出的应对措施等一系列过程性表现，更没能对学生在情感态度价值观方面的发展与成长进行及时的评价。概言之，这种客观、总结性的考核内容和形式，不利于教师全面了解学生并开展有针对性的教学，对学生实现综合素质提高和多方面发展的教学目标也造成了阻碍。

3. 缺乏科学有效的过程评价

对于高职数学教学评价来说，一般的学生评价方式是由平时考核和期末考试结合得出最终成绩，其中平时考核成绩占比较低，主要包含学生的课堂出勤、课堂表现情况、作业完成情况、平时测验成绩等方面。由于高等数学属于公共基础必修课程，一个班级的上课人数较多，一周的课时量却较少，以致教师对学生不够了解，这样教师利用平时的出勤次数来考核学生的平时成绩就不具有针对性。在课堂中设置学生课堂表现情况评价主要是为了激发学生学习的积极性，但高等数学课时有限，在开展教学活动时只能保证一小部分学生得到课堂表现评价，即大多数学生的课堂表现并不能得到真实有效的反馈，由此产生的学生课堂评价也就不具有参考性。教师课后布置作业的目的是检验学生对课堂知识的掌握程度，但是高等数学作业具有较强的客观性，且教师不像中小学教师那样可以时刻监督学生，就会导致学生完成作业时存在严重的抄袭现象，由此，凭借作业完成情况评价学生的实际学习效果就不够全面。而由于高等数学课程时间紧、任务重，导致平时的测验机会较少，且学生比较缺乏学习热情，使得平时测验成绩和效果一般不能达到预期。此外，高等数学的期末卷面成绩一般占比较大，这在很大程度上忽视了过程评价的重要性，从而容易让学生忽视高等数学日常学习和积累的重要意义，难以彰显课程考核的真正价值。

第二章　高职数学教学相关内容

第一节　高职数学教学的数学核心素养

一、数学核心素养

（一）素养与核心素养

1. 素养

《教育大词典》解：素质，即个人先天具有的解剖生理特点；易患某种心理异常疾病的遗传因素；公民或某种专业人才的基本品质①。

“素养”是指在教育过程中逐渐形成的知识、能力、态度等方面的综合表现，其对应的主体是“人”或“学生”，是相对于教育教学中的学科本位提出的，强调学生素养发展的跨学科性和整合性②。

2. 核心素养

核心素养是个人终身发展、融入主流社会和充分就业所必需的素养的集合。核心素养聚焦全面发展的人，而学生发展核心素养指“学生应具备的、能够适应终身发展需要的必备品格和关键能力”③。

（二）数学核心素养的内容

数学核心素养并非单方面的，它是由多个方面组成的，彼此独立又相辅相成。换言之，数学核心素养充分反映了学生的数学能力，即它是学生在面对数学问题时，可以灵活使用在课堂学习到的知识，把问题抽象化，继而经过逻辑推理和运算等解决问题的能力，相较于学习知识和解题技巧，更倾向于提升学生学科素养，让其可以进一步理解以及使用学习的知识，同时在学习当中培养独立思考问题的能力。

---

① 顾明远．教育大辞典［Z］．上海：上海教育出版社，1998：1494.
② 林崇德．21世纪学生发展核心素养研究［M］．北京：北京师范大学出版社，2016.
③ 林崇德．21世纪学生发展核心素养研究［M］．北京：北京师范大学出版社，2016.

1. 数学抽象、逻辑推理

数学抽象，是指从图形、数量这两者之间的关系当中抽象出来的数学概念关系，是一种从事物具体背景中抽象出来基本规律和结构，同时使用数学符号和数学术语表征，并摒弃了事物的物理属性，可以获得研究的数学对象的思维过程。数学课程的思维是抽象性的，其基础是理性思维，这也反映出数学学科的本质特点，数学抽象贯穿在数学的产生、发展以及应用的整个过程当中。

逻辑推理也是数学核心素养的组成部分，是以事实、命题为基础，严格按照逻辑规则推出命题的思维过程。通常分为特殊到一般的推理和一般到特殊的推理，前者涵盖归纳、类比，后者则是演绎性推理。这是数学核心素养的一个重要思维方式，学生具备该素养，能够及时发现问题，继而提出命题，最后找到解决问题的办法。学习逻辑推理可以帮助学生锻炼推理能力和把握事物发展的脉络，有益于学生理解数学知识点以及建立数学知识框架。

2. 数学运算、数据分析

数学运算也是数学核心素养之一，即在明晰运算对象后，采用运算法则处理问题的过程。其牵涉范围甚广，如理解数学运算对象、了解基本法则、探究运算方法、合理选择运算方法等。这是学科活动和演绎推理的形式，也是取得结果的重要手段。学生具备了该素养，有利于提升运算能力，促进数学思维发展，形成良好的思维习惯。

数据分析是通过研究对象取得相关数据，以统计法分析判断有价值的数据，继而构成知识的过程。该素养涉及对数据信息的采集、整理归纳以及数据提取，通过构建模型和分析判断，以取得相应的结果。学生拥有数据分析素养，有益于提高数据信息处理能力，有助于学生形成以数据来表达问题的意识，并且学生还可以通过长时间的学习形成积极探索事物的本质及其内在联系的思维品质，对学生未来深入学习和探究数学知识而言是非常有利的。

3. 数学建模、直观想象

数学建模是数学核心素养的组成部分，是对现实问题的数学抽象，是以学科语言应用表达问题，是运用学科知识、学科方式创建模型处理问题的过程。该素养应在情境中以学科角度发现问题、提出问题、分析问题，构建相关的数学模型，获得最终结论，并验证结论，有效地改善模型，达到快速解决问题的目的。数学建模是促使学生数学能力提升和推动数学课程发展的核心，是一种数学应用形式，也是解决实际问题的一种重要手段。直观想象是通过几何直观、空间想象力体会事物的变化、形态，经过图形来理解问题、解决问题的过程。该内容涵盖借助空间认识事物形态带来的变化、位置关系、图形描述、数学问题直观模型构建等多个方面，是学生解决数学问题的重要方法与手段，是学生形成学科论证思维、实现逻辑推理、构建抽象思维的基础。

（三）数学核心素养的功能

1. 塑造严谨的逻辑思维

数学核心素养的首要功能在于塑造个体严谨的逻辑思维能力。数学是一门高度抽象、逻辑严密的学科，其学习过程要求学习者不断训练自己的逻辑推理能力，从已知条件出发，通过严密的逻辑链条推导出结论。这种训练不仅使个体在面对复杂问题时能够保持清晰的思路，还能够培养其批判性思维和独立思考的能力，使他们在面对各种信息时能够作出理性的判断。

2. 推动职业发展

职业教育教学比较关注毕业学生职业发展和就业方面的问题。而在高职院校“岗课赛证”模式实行过程中，教师的核心任务之一在于帮助学生提高专业知识应用和实践能力，以此提升其就业竞争力，帮助学生找到职业发展方向。据此，数学核心素养的培养有助于高职生职业发展跃迁。学生实现职业发展的途径多体现在：第一，在岗位工作过程中借助数学核心素养，在按时完成工作任务的同时，对工作进行创新，解决了实际问题，从而在内部得到职业发展跃迁。第二，在提高学历的过程中利用自身的数学核心素养，结合岗位兴趣以及市场人才所需情况，通过全新的人力资本高度与基点推动职业发展跃迁。

3. 合理优化学生思维方式

优化思维方式表现为学生数学课程知识学习中内化的精神品质。在职业院校“岗课赛证”模式下，数学核心素养能助力高职生优化思维，打破传统思维，推动学生思维得到可持续发展，这是精神品质的范围，也是数学核心素养助力功能的一部分。拥有这一数学核心素养助力功能的学生，除了分布在对数学有要求的专业之中，其他高职专业学生也可享受该种思维方式优化带来的红利，所以，高职院校在实施“岗课赛证”模式的过程中，需要全面掌握数学核心素养各要素的权重。

4. 促进跨学科学习与应用

数学核心素养的广泛性决定了它在跨学科学习与应用中的重要地位。数学作为自然科学、社会科学、工程技术等众多领域的基础，其思想、方法和工具在各个领域都有着广泛的应用。具备数学核心素养的个体，能够更好地理解和应用数学知识，促进不同学科之间的交叉融合，推动科学技术的进步和社会的发展。

5. 奠定终身学习的基础

数学核心素养还是奠定个体终身学习的重要基础。在快速发展的信息时代，知识更新速度日益加快，个体只有不断学习、不断进步，才能适应社会的变化和发展。数学核心素养所培养的逻辑思维、问题解决能力、创新思维等，都是个体进行终身学习所必需的关键

能力。它们使个体能够快速掌握新知识、新技术，适应新环境，实现自我价值的不断提升。

6. 培养社会责任感与伦理意识

最后，数学核心素养还隐含着培养社会责任感与伦理意识的功能。数学在解决现实问题的过程中，往往需要考虑到社会、经济、环境等多方面因素，这就要求学习者在运用数学知识时，要具备高度的社会责任感和伦理意识。通过数学学习，个体能够形成正确的价值观和道德观，自觉维护社会公正、保护生态环境、推动社会可持续发展。

二、数学核心素养在高职数学教学中的地位

在高职数学教学中，数学核心素养占据着核心地位，它不仅是数学学科教学的目标，还是学生综合素质提升的关键。以下将从几个方面详细阐述数学核心素养在高职数学教学中的地位。

（一）数学核心素养是高职数学教学的核心目标

高职数学教学的目标不仅仅是传授数学知识，更重要的是培养学生的数学核心素养。数学核心素养包括数学知识、数学技能、数学思维和数学态度等多个方面。在高职数学教学中，教师应通过多样化的教学活动，帮助学生掌握数学知识，培养数学技能，发展数学思维，形成积极的数学学习态度，从而全面提升学生的数学核心素养。

（二）数学核心素养是学生职业发展的基础

高职教育的目标是为学生未来的职业生涯作准备。在许多职业领域，数学知识和技能是必不可少的。数学核心素养的提升有助于学生在专业领域内运用数学知识解决实际问题的能力，从而提高他们在就业市场的竞争力。因此，数学核心素养是学生职业发展的基础，高职数学教学应紧密结合学生的专业方向，培养学生的数学核心素养。

（三）数学核心素养是学生终身学习的保障

在快速变化的社会中，持续学习新知识和技能是适应未来发展的必要条件。数学核心素养的培养有助于学生形成终身学习的意识和习惯。高职数学教学通过培养学生的自主学习能力和探究精神，帮助他们建立起持续学习的动力和能力，为终身学习提供了保障。

（四）数学核心素养是跨学科学习的桥梁

数学作为一门基础学科，与其他学科有着密切的联系。数学核心素养的提升有助于学生进行跨学科学习，通过将数学知识与其他学科知识相结合，学生可以拓宽知识视野，增强综合运用知识的能力。因此，数学核心素养是跨学科学习的桥梁，高职数学教学应鼓励学生进行跨学科的探究和实践。

（五）数学核心素养是创新精神和实践能力的源泉

数学核心素养的提升有助于培养学生的创新精神和实践能力。在高职数学教学中，教师应鼓励学生进行数学探究和创新实践，通过项目式学习、研究性学习等方式，让学生在实践中发现问题、分析问题并创造性地解决问题。数学核心素养是学生创新精神和实践能力的源泉，高职数学教学应重视培养学生的这些能力。

（六）数学核心素养是评价教学效果的重要标准

数学核心素养的提升是评价高职数学教学效果的重要标准。教学评价不仅要看学生对数学知识的掌握程度，更要看学生是否能够运用数学知识解决实际问题，是否具备良好的数学思维能力和学习态度。因此，数学核心素养是评价教学效果的重要标准，高职数学教学应以此为导向，不断优化教学方法和手段。

三、高职数学素质教育的意义

（一）提升学生的学习兴趣和动力

教育不应仅局限于数学公式的传授，更需要注重培养学生的数学思维、方法和文化。尤其是在高职教育中，学生往往面临学业压力大、时间紧迫等问题，如果能够通过数学素质意识的培养来激发学生的学习热情和动力，将有助于学生更好地完成学业任务。也就是说，要让学生认识到数学不仅仅是一种工具，更是一门可以帮助我们认识和了解世界的科学。

（二）增强学生的实践能力和综合素质

数学素质意识的培养不仅能使学生具备一定的理论基础和解决问题的能力，还能够促进学生的实践能力和综合素质的提高。因为数学素质意识的培养不仅涉及数学知识的学习，还包括数学思维、方法、观察力、记忆力、思维力、想象力、表达力等多方面的能力。同时，这些能力也能够被广泛地用于其他领域的学习和工作中，使学生更好地适应未来的社会发展。比如，学生具备良好的数学素质意识后，可以在工作中更加灵活地处理各种数据和问题，从而获得更多的机会和更大的发展空间。

（三）促进学生的创新思维和问题解决能力

数学素质意识强调的不仅仅是知识的掌握，更重要的是对数学知识的应用和创新。这种教育方式有助于培养学生的创新思维和问题解决能力，使学生能够更好地应对生活中的各种挑战。高职学生的未来就业方向越来越多样化，而数学素质意识的培养则有利于学生在不同行业中发展，应对多个岗位的需求。

四、高职数学素养教育的注意事项

第一，明确教育目标。高职数学教学需要明确核心素养教育的目标，即培养学生的数学抽象能力、逻辑推理能力、数学建模能力、数学运算能力、数据分析能力和直观想象能力。这些能力的培养应当与学生的专业特点和未来职业需求相结合，确保教育目标的针对性和实用性。

第二，整合课程内容。高职数学课程内容应当围绕核心素养的培养进行整合，避免内容过于分散和重复。教师需要根据学生的专业背景和实际需求，精选和重组教学内容，使之更加贴近学生的实际应用场景。

第三，创新教学方法。传统的教学方法往往侧重于知识的传授，而在核心素养教育中，教师应当采用更多启发式、探究式、项目式等教学方法，鼓励学生主动探索和解决问题，从而培养学生的自主学习能力和创新思维。

第四，强化实践应用。高职数学核心素养的培养不能仅仅停留在理论层面，还需要通过大量的实践活动来强化。教师应当设计与学生专业相关的数学应用案例，让学生在解决实际问题的过程中，提升数学建模和问题解决的能力。

第五，注重评价体系。评价体系是引导学生学习的重要手段。在高职数学核心素养教育中，评价体系应当从单一的考试成绩评价转向多元化的评价，包括学生的课堂表现、作业质量、项目完成情况以及实际应用能力等。

第六，提升教师素养。教师是实施核心素养教育的关键。高职数学教师不仅需要具备扎实的数学专业知识，还需要具备较强的教育教学能力和实践经验。因此，提升教帅的教学素养和专业素养是实施核心素养教育的重要前提。

第七，加强校企合作。高职教育与企业紧密相关，高职数学核心素养的培养应当与企业的实际需求相结合。通过校企合作，可以让学生接触到更多真实的数学应用场景，增强数学学习的实用性和针对性。

第八，关注学生差异。高职学生来自不同的专业背景，数学基础和学习需求存在差异。教师在教学过程中应当关注学生的个体差异，采用分层教学、个性化辅导等策略，满足不同学生的学习需求。

第九，营造良好氛围。学校应当营造一个重视数学核心素养教育的良好氛围，通过举办数学竞赛、数学文化节等活动，激发学生学习数学的兴趣和热情，提高学生的数学素养。

第十，持续跟踪反馈。核心素养的培养是一个长期的过程，需要教师和学校持续跟踪学生的学习进展，并及时给予反馈和指导。通过定期的评估和调整，确保核心素养教育的有效实施。

五、高职数学素养教育与中华传统文化的关系

高职数学核心素养教育与中华传统文化之间存在着深刻的内在联系。中华传统文化强调“天人合一”的哲学思想，注重整体性、和谐性与实践性，这些特点与数学核心素养的培养目标不谋而合。在高职数学教学中融入中华传统文化的元素，不仅能够丰富数学教学的文化内涵，还能够促进学生对数学知识的深入理解和应用。

首先，中华传统文化中的“和合”思想与数学核心素养中的逻辑推理能力有着密切的联系。在数学学习中，逻辑推理是构建数学知识体系的基础，而“和合”思想则强调事物之间的相互联系和协调统一。通过将这种思想融入数学教学，可以帮助学生更好地理解数学概念之间的内在逻辑关系，培养他们的系统思维能力。

其次，中华传统文化中的“实践”精神与数学核心素养中的数学建模能力相辅相成。中国古代的数学成就，如《九章算术》等，都是在解决实际问题的过程中发展起来的。这种以实践为导向的数学发展模式，与现代数学教育中强调的数学建模能力培养是一致的。在高职数学教学中，通过引入中华传统文化中的实践案例，可以激发学生的学习兴趣，提高他们运用数学知识解决实际问题的能力。

再次，中华传统文化中的“中庸”之道与数学核心素养中的数学运算能力有着内在的联系。中庸之道强调适度、平衡，这与数学运算中追求精确、合理是一致的。在高职数学教学中，通过强调运算的准确性和合理性，可以帮助学生树立正确的数学观念，培养他们的数学运算能力。

最后，中华传统文化中的“创新”精神与数学核心素养中的直观想象能力相呼应。中国古代的数学家在解决问题的过程中，常常能够提出创新的方法和思路。这种创新精神与数学学习中培养学生的直观想象能力是一致的。在高职数学教学中，通过鼓励学生发挥想象力，探索新的解题方法，可以激发他们的创新潜能，提高他们的数学素养。

第二节 高职数学教学的数学文化

一、数学文化

（一）中华传统文化中的数学文化

1. 中华传统数学文化的特点

我国古代数学文化起源于石器时代，萌芽于先秦，战国至两汉时期中国数学框架初步确立，于唐中叶至宋元我国数学文化达到高潮。相比较而言，古希腊数学属于公理化演绎体系，着眼于“理”，而中国古典数学则属于机械化算法，着眼于“算”，着重研究和解决实际问题，具有鲜明的社会性。如《九章算术》中的“粟米”“商功”“盈不足”等，均彰显着数学与生产、生活实践的联系。三国两晋时期我国古代数学更倾向于理论研究，如刘徽的《九章算术注》是我国古代数学理论基础的奠基石，其科学思想极其深邃。

在推崇玄学、儒学的古代，数学时常被视为“不入流”“低格调”的行当，人文生于宋元时期的杨辉、李冶等人虽然受当时社会思想、人文环境等种种外界因素的影响，但他们却不为所动，潜心钻研数学。南宋数学家秦九韶对国家经济和人民生活十分关注，将数学视为工具应用于实际生活、生产之中，彰显着其强烈的责任担当。可以看出，我国古代数学文化隐匿着丰富的科学思想、精神品质和人文情怀，是我国传统文化的组成部分，同时是素质教育开展的强劲动力。

2. 继承发扬我国古代数学文化的意义

纵观我国古代数学发展史和辉煌成就，如勾股定理、圆周率等虽促进了世界数学的发展，但在元中叶之后，我国数学开始衰落，随之而来的是西学的不断输入，维新变法和新文化运动之后，中国古代数学传统基本中断，传入的现代数学从此占据了中国数学的舞台。

由于长期受我国古代科技思想影响，普遍存在重实践经验而轻理论抽象的传统观念，加上社会转型的迟滞也直接导致我国科技思想难以做到与时俱进。此外，当前教学教育方针及政策的不健全，使得数学研究者、科技人才寥寥无几。对于“00后”学生群体而言，他们更关注娱乐八卦等讯息，而对数学家、数学研究等相关报道极少关注。因此，高等数学教学除了要传授理论知识技能，还要善用数学史、数学成就、数学家品质来加强素质教育，更好地帮助高职学生坚定文化自信、历史自信。

（二）数学文化的内涵

关于数学文化内涵的研究，由于不同研究者看待的角度不同，数学文化的定义也有着不同的侧重，数学文化的内涵至今未形成统一认识。但也正是因为数学文化内涵研究的长久性和广泛性，足以证明数学文化的内涵并不是将定义表面上的“数学”与“文化”两个词语的简单叠加。它既包括了数学自身发展、数学与其他学科及领域的联系，也涵盖了数学学习过程中渗透的数学语言、精神、思想方法等诸多方面。

数学文化的内容范畴是十分丰富、广泛的，它包含了多个方面的内容、承载了多个领域与多个形态的应用，同时具有人文性与科学性交融、开放性与包容性并存、民族性与统一性共生以及价值理性与工具理性互推的内涵特点。

（三）数学文化的教育价值

1. 思维训练价值

杜威曾指出“思维就是明智的学习方法”，并且反复强调，培养探究的思维态度是思维训练中的首要任务。丰富多样的数学文化内涵包含了一丝不苟的数学精神和逻辑严密的数学思想方法，数学知识背后严谨的数学直觉与思维以及数学命题缜密的论证推理一起构成了数学的文化特质①。因此，将数学文化融入课堂的教学过程中，以丰富的数学史与数学经典名题为渗透导向，能够引导学生在探索问题、解决问题的过程中跟随数学家的思维发现知识，感悟数学思想，启发解决问题的新思路，转变数学学习的思维与方式，实现数学思维的拓展训练。

2. 德育价值

德育作为学生五育发展之一，是促进学生可持续发展的灵魂和统帅，为学生的健康发展提供了方向。正所谓，学习知识更要学习做人。数学文化中包含了丰富的数学家故事与事迹，数学先贤们在发现、探索知识的过程中所持有的刻苦精神，忠于事实、坚持不懈的意志品质以及一丝不苟、求真务实的数学品格等，都能够在学生学习知识甚至是遇到困难时与数学家产生“时空对话”，帮助学生正确认识自我、勇于面对挫折，树立正确的世界观、人生观、价值观，逐渐养成良好的思想品行。

3. 美育价值

美育作为促进学生全面发展的动力，可以培养学生健康的审美观，引导学生学会发现美、鉴赏美、创造美。一切美好的、美妙的事物都能够引起学生的注意，成为学生懂得美的“起点”，甚至可以陶冶情操，引导学生积极向上。数学美作为一种“含蓄”的数学文化内容，能够在教学过程激发学生的好奇心，潜移默化地培养学生的审美情趣。例如，数学公式的简洁美、数学解题步骤的严谨美、数学图形的对称美、数学概念的统一美等都能够帮助学生认识到数学的美，发现生活中所隐含的数学美，感受与欣赏数学美，进而感悟数学文化的美妙。

二、数学文化教学的数字化

（一）数字化对数学文化教学的积极影响

1. 能够丰富数学文化教学的资源

首先，互联网上有许多丰富且便捷的数学教学视频，这些视频是非常优秀的数字化资

① 郭民，白钢．数学文化与数学文化价值的思考［J］．东北师大学报（哲学社会科学版），2019，299（3）：194-199.

源，不仅能让数学文化以直观具体的形象出现在学生面前，丰富了学生对数学文化的认知体验，而且有助于教师开展丰富多彩的数学文化教学活动，促进学生数学文化积累性学习。其次，教育数字化多依据多媒体技术实现，所以在课堂教学中，教师可以依靠多媒体设备及技术将抽象的数学文化以视频、图片等形式展现，构建数学文化教学情境，让学生在情境中理解学习。最后，教育数字化可拓宽学生的数学文化学习空间，对学生进行个性化的数学文化教学。例如，教师可依据学生的个体差异特点，为学生准备丰富的数学文化学习资料，让学生依据自己的学习能力及水平探索数学文化，满足学习需求，提高数学文化学习质量和效率。

2. 能够创新数学文化教学的方式

教育数字化可以打造“互联网+教育”教学模式，让学生在课前自主预习数学文化，在课堂上与教师及其他学生进行有效互动讨论，在课后进行精准的复习与巩固。与此同时，“线上+线下”也是教育数字化模式下的教学方式创新，教师可将课堂教学内容制作成微课视频、电子课件或者是PPT并发送到学习平台或者是学习群中，学生可依据教师上传的数字学习资源进行自主学习，这样既能凸显学生的学习主体，又能促进学生自主学习能力的提升。

3. 能够提高数学文化教学的效率

一是教育数字化能让数学文化教学内容合理优化，教师可依据班级学生的实际认知水平和能力特点选择适合的数学文化教学资源，并有针对性地设计可行的教学方式和方法，让学生在喜闻乐见的教学模式下高效学习。二是教育数字化可让数学文化教学方式持续性创新，教师可从学生视角分析数学文化教学策略和方法，找出问题和不足，然后借助数字化教学创设符合学生学情的教学模式，构建高效课堂。三是教育数字化可助力教师创设更加生动有趣的教学情境，将抽象的数学文化变得形象易懂，有助于学生将新知与旧知串联学习，进而提高教学效率。

（二）教育数字化下的数学文化教学方法

1. 应用数字化史料，展示数学文化

举例说明，在“分数”知识的教学中，教师在课前可利用数字化技术在互联网上收集与“分数”知识相关的数学史料信息，并将这些史料重新整理制作成教学课件，在课堂教学中以多媒体设备展示。比如，可用清晰直观的图片向学生展示数学史料，并以简单明了的语言配合讲解，使学生对分数在古代的应用有一个具体认知，从而明白分数从古至今都是数学的重点内容，在现实生活中扮演着重要角色。同时，教师可以选择一些近代或者当代的数学史料，如电脑、计算器等，同样是以视频、动画或者是图片等形式展现其中的分数知识运用特点，如电脑屏幕的分辨率、智能手机屏幕上的像素等都是用分数来表示的。对于学生而言，这些知识都是新奇的，是从前没有接触过的，能有效地激发学生的数学文化探索兴趣。

2. 创设数字化情境，欣赏数学文化

情境教学是常用的教学方法之一，数字化情境的创设正是借助多媒体设备的优势来直观呈现数学文化，降低学习理解难度①。例如，在“几何图形”知识教学中，教师可以创设数字化情境，让学生对几何图形有一个直观深刻的认知，进而自主自觉地进行数学文化的探究学习，欣赏数学文化内涵与魅力。一方面，教师可利用多媒体设备展示几何图形在现实生活中的具体应用，如现实中常见的建筑物、各种艺术作品等，学生可在这些直观性强的图片中发现几何图形的身影，进而对几何图形形成初步认知。另一方面，教师可创设几何图形的数字化情境，让学生在情境中对数学文化产生好奇心，并在好奇心的驱使下主动学习，动手实践，欣赏数学文化。

3. 提供数字化案例，探索数学文化

案例教学是一种有效的教学方法，将教学内容以案例的形式呈现，既能降低教学难度，还能丰富教学内容，全面激发学生的知识探索欲望和热情。例如，在“图形的变换”知识教学中，教师就可以向学生提供数字化案例，指引学生探索数学文化。本堂课的教学内容主要是图形的旋转、平移以及对称，教师便可借助案例教学法的优势进行数字化案例教学，让学生掌握图形变换的方法。例如，教师打开多媒体设备上的绘图功能，利用画笔画出一个任意三角形，然后利用绘图软件上自带的“向左旋转 90°、向右旋转 90°、垂直旋转、水平旋转”功能对这个任意三角形进行旋转操作，让学生直观看到图形的旋转有哪些特点和变化。通过向学生展示数字化案例，可让学生在探索性学习数学知识的过程中产生好奇心，进而激发学生的学习热情，持续性地推动学生探索学习。

4. 开展数字化实践，拓展数学文化

教育数字化模式下数学文化教学将迎来新的发展机遇，数学文化教学资源会更加丰富，教学方式将得以创新，教学效率也会明显提高。从教育数字化视角分析高职数学文化教学现状，探寻出数字化资源的利用优势及路径，以数字化史料、数字化情境、数字化案例、数字化游戏以及数字化实践等方式将数学文化清晰又自然地呈现在学生面前，能让学生探索发现数学文化的美好与魅力，激发学生数学学习的内驱力，促进学生数学核心素养的培养。

---

① 王进敬，余庆纯．数学文化视角下“圆的周长”探究式教学［J］．数学通报，2023（1）：19-22.

三、数学文化对数学教育的影响

（一）数学历史对数学教育的影响

希腊几何学是古代数学的一个重要分支，其发展历程和数学思想对于现代数学教育和研究具有重要的启示作用。例如，毕达哥拉斯、泰勒斯提出了一些几何定理和证明方法，并将几何学从实际应用中解放出来，成为一种纯学科①。欧几里得创作了《几何原本》，将希腊几何学推向新的高峰。他通过公理化方式建立几何学体系，强调了证明的重要性，并提出了许多经典的几何定理和证明方法②。在伊斯兰数学教学中，代数学也是数学发展的一个重要分支。其代数学思想的传承体现在重视数学文献的传承和整理、培养抽象思维能力以及倡导用数学解决实际问题。伊斯兰数学家们在代数学领域作出了重要贡献，他们在代数方程和多项式等领域的研究奠定了现代代数学的基础。可见，数学历史对数学教育有深刻的启示和重大借鉴意义，我们可以借鉴数学历史中杰出数学家和教育家的经验，更好地发展现代数学教育。

（二）数学思想对数学教育的影响

数学思想的发展，应从多方面思考：第一，正确的数学思想承认基本概念和原理是数学探究的核心，这就要求教师要将数学教育的重点放在培养学生对基本数学概念的理解和掌握上，使其打下坚实的数学基础。第二，数学思想强调逻辑的严谨性，数学证明要有严谨的逻辑性和合理性。因此，教师在教学中要注重培养学生的逻辑思维能力，使他们能够理解和书写严谨的数学证明。第三，数学思想能促进创新和研究，推动数学的发展。在数学教育中，教师应鼓励学生独立思考和研究，引导他们从不同角度看问题，使他们在数学学习和实践中形成创新和探究精神。第四，正确的数学思想承认数学与实际问题之间存在联系，数学的发展最终要解决实际问题。在数学教育中，教师应引导学生将数学应用于实际问题，培养他们解决实际问题的能力，使他们能够发现数学的实际应用价值。第五，数学思想具有整体性，即数学研究应以整体性和系统性的方式处理问题。在数学教育中，教师应培养学生的整体思维能力，使其在数学学习和实践过程中能够形成一个整体的思维框架和方法。

（三）数学方法对数学教育的影响

数学方法是指数学家用来解决数学问题的思维方式、方法和工具③。它是一种解决问题的方法，更是一种系统的、科学的思维方式。数学方法主要包括推理、抽象、数学语言

---

① 王微．数学对人类文明进步的影响［J］．才智，2014（1）：227.

② 国秀香，刘秀云．论数学文化的价值［J］．中国成人教育，2010（18）：142.

③ 解玖霞．数学文化之我见［J］．山东商业职业技术学院学报，2010，10（3）：88-89.

和符号的使用、归纳和演绎等，能帮助数学家从不同角度看待问题，发现问题之间的联系，并最终找到解决方案。数学方法也被广泛用于教学中，以培养学生的科学推理、解决问题和创造性思维能力，具体体现在以下几个方面：一是数学方法具有循序渐进、层次清晰的特点，教师在数学教学中要注重知识结构的建立和整合，为学生提供明确的知识目标和学习途径，提供系统的讲解和实践练习，培养学生的系统思维能力。二是数学方法是基于抽象概念和符号体系，这就要求教师在数学教学中要注重对数学语言与符号的应用和理解，教会学生正确使用并理解其代表的含义，建立抽象思维能力。三是数学方法在证明和推理过程中具有高度的严谨性，教师在数学教学中要注重培养学生的逻辑思维和表达能力，教会学生运用科学的方法进行证明和推理，训练学生的逻辑思维和表达能力。四是数学方法能广泛应用于数据处理和分析中，教师在数学教学中要注重培养学生的数据分析和统计能力，教会学生正确运用数理统计方法进行数据分析和预测，培养他们的数据分析和决策能力。五是数学方法是一种探索性的思维方法，教师在数学教学中要注重培养学生的创新能力，教会他们从多个角度看待问题，培养他们的创新思维和创造性能力。可见，数学方法对数学教育的意义在于提高学生的数学素养和综合素质。因此，学校可以通过教授数学竞赛题目等方式，鼓励学生自主思考和运用数学方法来解决问题，并通过数学史课程介绍著名的数学家和他们的研究成果，帮助学生更好地理解数学方法的应用和意义。

（四）数学文化的启示、借鉴以及未来发展

1. 数学文化的启示

数学文化对数学教育有诸多启示，具体如下：一是培养学生对数学的兴趣和热爱。数学文化是人类智慧的结晶，展示了数学在不同历史时期的发展和变化。通过了解数学文化，学生可以更加深入地理解数学的本质和意义，从而培养起对数学的兴趣和热爱。二是提高数学学习的内在动机。数学文化包含着丰富的、有趣的数学问题和应用，通过让学生接触这些问题，可以引发学生的好奇心和探究欲望，提高他们学习数学的内在动机。三是拓宽数学教学的视野。数学文化不仅反映了数学的理论成果，还展示了数学在实际生活中的应用和意义。通过引导学生了解数学文化，可以拓宽他们对数学的认识，从而更好地理解和应用数学知识。四是提高数学教育的人文关怀。数学文化除了强调数学理论和实际应用外，还体现了人类的感性体验和美学追求。让学生了解和欣赏数学文化，可以在数学教育中注入人文关怀，培养出更全面的数学人才。总之，数学文化是数学教育的重要组成部分，通过适当引导学生了解数学文化，可以提高数学教育的效率和质量。

2. 数学文化的借鉴

数学文化对数学教育有许多借鉴价值，主要表现在：一是强调数学的发展历史。数学文化展示了数学的发展历史，反映了人类对于数学的不断探索和创新。这可以帮助学生更

好地理解数学的本质和意义，从而提高学习兴趣和热情。二是提供丰富的数学问题和案例。数学文化中存在大量的数学问题和案例，这些问题和案例不仅具有理论意义，还具有实际应用价值。可以通过引入这些数学问题和案例，激发学生的求知欲和创造力，增强学习效果。三是让学生了解数学在实际中的应用。数学文化不仅涵盖了数学的理论研究，也展示了数学在实际中的应用。通过阐述数学在实践中的作用，可以帮助学生了解数学知识的实际价值，并且鼓励他们将所学知识应用于解决实际问题之中。四是鼓励学生创新思维。数学文化中存在很多难题和疑难问题，这些问题需要创新思维来解决。通过引导学生阅读、研究数学文化，可以激发他们的创新思维和探索精神，培养学生的科学研究能力和实践能力。总之，数学文化为数学教育提供了许多有价值的启示和借鉴，可以帮助学生更好地理解数学知识的本质、应用价值以及历史渊源，提高数学学习的效率和质量。

3. 数学文化的未来发展

数学文化的未来发展，应从以下几个方面加强：一是加强教师培训和提高教学技能。教师通过学习数学文化能深入了解数学发展历程、数学思想的演变过程以及数学在不同领域的应用，以提升其数学素养，更好地理解数学知识的本质和内涵，进而更好地完成教育教学任务。这就要求教师不仅要具备丰富的数学知识和教学经验，而且对数学文化的多样性和历史价值有深入的理解。因此，加强对教师的培训提高教学技能，使他们在教学中能更好地运用数学文化知识和方法。二是增加数学文化教学的课程。数学文化教育是数学教育的重要组成部分，为学生提供更广阔的数学视野和更丰富的学习工具。增加数学文化教学课程可以拓宽学生的数学视野，让他们了解数学在不同领域中的应用和价值。三是加强跨学科的合作与互动。数学文化与其他学科之间有很强的交融联系，需要加强跨学科的合作和互动，如数学与艺术、文学、哲学等学科之间有很强的联系，可以通过跨学科的合作与交流促进数学教育的发展与进步。数学文化为不同学科之间的交叉研究和互动提供了广阔的空间，可以推进不同学科之间的合作，促进跨学科的发展与创新。四是推进数学文化的普及教育。数学与其他学科密切相关，如物理、化学、计算机科学等。推进数学文化的普及教育可以让人们更好地理解这些学科中的数学内容，并且为这些学科中的数学应用提供支持和借鉴。因此，应加强数学文化的普及教育，使更多的人了解数学文化的多样性和历史价值，促进公众对数学的认识和理解。

四、数学文化教学的注意事项

（一）数学文化素材选用应紧扣教学内容

从表面上看，数学文化素材的选取与应用是在知识内容上进行拓展和延伸，似乎是“节外生枝”。实际上，数学文化层面的拓展与延伸不能天马行空地随性发挥，更不应该

"脚踩西瓜皮，滑到哪里是哪里"，而应该紧扣教学内容。"紧扣教学内容"并不是指教学停留于知识技能层面的反复练习与强化，而是指充分发挥知识内容的载体作用，通过必要的背景呈现、历史回顾、思想渗透、精神传递和价值揭示，让教学内容既具体可感又能深入思想方法、情感态度乃至价值观层面。教师要正确认识知识与文化的关系。"数学思想、精神、理念和价值观产生于对数学知识的探究与追问，依附于数学知识的生成而生成，没有脱离知识的缥缈的思想、精神、理念与价值观。另外，在探究知识的个别活动中所形成的共性，又会升华为一种相对稳定和独立的思想、精神、理念和价值观，它们统领着知识，这就是两者的辩证关系。"① 也就是说，围绕具体教学内容开展的所有挖掘、拓展和提升，其目的是让教学更立体、更饱满、更厚实，进而使教学的重心更稳。

（二）教师应正确认识数学文化的教学意义

在过去较长的一段时间内，受应试教育背景下的短期功利教育心态的影响，实际教学中教师的课堂教学往往围绕显性的考试内容展开，"考什么就教什么"已然成为课堂教学的指导思想。在这种思想指导下，教师热衷于题型概括和技巧提炼，热衷于追求"立竿见影"的教学效果。数学观念、数学思想、数学精神等数学文化层面的教学目标在实际教学中因为"效率低下"而落入"阳春白雪、曲高和寡"的尴尬境地②。"对数学知识的积累、数学技巧的训练等工具性价值的过分关注，正在使数学本该拥有的文化气质和气度，一点点地剥落和丧失，并逐渐成为数学教育遥不可及的乌托邦。"③ 原本属于文化范畴的数学，如今正渐渐丧失它的文化性，变得不那么"文化"了。基于这样的现实，尽管我们承认"数学本身就是一种文化"，但是仍然要倡导数学文化教学，教师不应当将此泛化地理解为概念的翻新或者词语的重复，而应该将其视为一种意义的重申和叠加。也就是说，强调"数学教学是数学文化的教学"，其教学意义就在于提醒教师在日常教学中要更为全面地关注教学内容所关联的数学文化要素，特别是要关注到以往教学中常被忽视的那部分。数学文化的教学强调对数学的科学价值、应用价值、人文价值及审美价值的整体关注，能使数学教学兼具工具理性与价值理性，真正实现"器"与"道"的融通。

（三）教师需要提升自身的数学文化素养

教师数学文化素养是培养学生数学文化素养的先决条件，它直接影响着数学文化教育的效益④。为此，教师应当有数学文化层面的自我提升的意识，多渠道丰富自己对教学内容的认识，积累数学文化方面的教学素材。在日常生活中，能关注数学与现实生活的联

---

① 柳鸠，喻平，余泉．发展学生的核心素养：教育数学视角［J］．数学通报，2022，61（8）：18-22，54.

② 周杨，刘洪超．数学课如何教出"文化味"？［J］．中学数学教学参考，2022（2）：70-73.

③ 陈冬．"数学文化"是取还是舍［J］．教学与管理，2007（19）：50-51.

④ 张辉蓉，冉彦桃，张祯．教师数学文化素养的内涵与特征分析：基于数学文化课例的解读［J］．数学教育学报，2019，28（5）：65-69.

系；备课时，教师应该针对具体教学内容进行数学文化方面的检索阅读，对任意一个教学内容都能从数学文化角度进行追问并发掘其中可用的教学资源。

五、高职数学教学中数学文化的融入

（一）高职数学教学中数学文化融入的价值

天才因为累积，聪慧在于勤劳。数学既属于一门科学语言，又属于一种工具，更是一种先进的特殊文化。在人类文明发展历程中，数学一直发挥着积极作用，它也是中华文明发展的核心力量。在21世纪，数学语言成为连接自然科学和人文社会科学不可缺少的纽带，演绎着沟通文理、弥补文化不足的使者角色。伴随科技蓬勃发展和全球经济一体化不断推进，作为人类文明的宝贵财富，数学充分彰显出世界文化的风采。学好数学并不只是拼命地重复做习题、背诵公式，是要掌握数学思想方法，领会数学精神实质，明确数学在社会文明发展历程中发挥的作用，自觉自主接受数学文化的感染。唯其如此，才能完全呈现素质教育提出的各项要求，继而为大众整体思想文化素养提升奠定扎实基础。由此可见，数学文化在数学教育中占有重要地位，是人类理解、学习数学的“钥匙”。

（二）高职数学教学中数学文化融入的原则

第一，开放性及相关性原则。立足数学文化教学来讲，数学教师在课堂教学中既要向学生讲解数学知识的相关概念，又要将数学美、数学本质与社会文化知识融入各领域，如此才能让学生加深对数学概念的理解，掌握数学在不同领域的应用特征，了解数学文化。而且，数学文化具备广泛性特征，涉及诸多方面，将其融入高职数学教学，必须遵守开放性及相关性原则，这样才能使数学文化发挥应有效能。在具体融入时，教师应将数学知识作为依据，收集、整理数学文化素材，完善课程教学，提高教学质量。学生应以其他知识为基准迁移知识，体会文化，掌握数学内涵。

第二，典型性原则。数学文化素材丰富多样，如数学材料的代表性及内容的典型性，在推动课堂教学质量提高方面均可发挥积极作用。因此，开展数学教学，教师必须遵守典型性原则，根据所讲解的数学思想方法启发学生深度思考，引导学生培养正确的科学精神。同时，教师应选择和数学文化有关的数学实例，借助生活情境，强化实践案例的可行性与真实性。在条件允许的情况下，教师还要选择社会现实问题，要求学生寻找与问题相对应的知识模型，探寻数学和社会生活存在的联系，进而激发学生的学习兴趣，推动其自主学习数学知识。另外，在课堂教学中，教师还应时常向学生讲授中华民族数学文化知识和数学名人故事等，如我国古代数学家、当代数学家以及当今活跃在世界数学顶尖水平的华人青年数学工作者等，以此来激发学生民族文化自信，调动学生数学学习欲望，实现学习效果最大化。

（三）高职数学教学中数学文化融入的方法

为了帮助教师厘清数学文化渗透与数学知识传授之间的关系，要确保数学文化在课堂教学中的有效融入，进而发挥数学文化的教育功能。

1. 加强理论认识，拓宽文化视野

作为学习过程中的主体，学生的主观能动性对知识的掌握以及自我的发展起着决定性的作用。因此，在数学文化知识的学习过程中，学生既要在老师的引领下积极进取、不断探索、掌握教师在教学活动中讲授的数学文化内容，更要在课余时间发挥个体的主观能动性，通过多种途径加强数学文化理论知识的学习。一方面，教师可以通过课前课后指定某一材料并适当提供查询的资源与途径，让学生利用课余时间去查阅课程中涉及的数学文化知识并完成教师提前设计的问题，帮助学生了解获取数学文化知识的途径，提升学习兴趣，方便学生在课后查阅学习相关数学文化内容。另一方面，也可以指导学生自行通过阅读数学文化的相关书籍刊物，利用视频推送、网络搜索或者一些网络公开课（如微课、慕课堂、科普公众号、短视频）等多种途径去主动学习一些感兴趣的、符合现阶段学习的数学文化内容，加强学生对于数学文化理论知识的系统学习。

学生间的相互交流与沟通对于知识的再加工与自我拓展有着极大的帮助。因此，学生通过自我发现、探索并对数学文化知识有了一定认识之后，要学会共享，将自己的所学所悟与同学进行交流沟通，进而在知识共享的过程中培养数学文化的学习兴趣，扩宽知识范畴，开拓数学思维。第一，教师可以组织学生建立小组进行合作学习，将较难或较重的调查活动或课外作业任务合理分配给组内成员，加强小组内的沟通合作，充分利用同伴互助的作用产生思维的碰撞，在同伴的帮助和自身实践中不断地积累数学文化知识。第二，创设数学文化知识“小课堂”，引导学生通过“小先生制”的方式分享自己在课余时间搜索学习的数学文化故事、数学名题中的解题思路以及在生活或者其他领域发现的数学情景案例等相关内容，引发师生的共同思考与交流，使学生在一种轻松愉快的交流探讨过程中扩充对数学文化知识的理解，增加学生数学文化学习的兴趣与自信心。

2. 转变教学观念，提升文化素养

数学既有科学知识的确定性、思维逻辑的严密性、方法实证的系统性等科学特征，也具有人文文化的直觉性、顿悟性、开放性等人文特性①。然而传统的数学教学过程中教师仅将数学理论知识讲解的高效性、逻辑推理和演绎的科学性视为数学教学活动的主角，而对于数学概念、原理的起源和发展过程，以及其中蕴含的思想方法与应用价值鲜有说明，

---

① 杨叔子．数学很重要文化很重要数学文化也很重要——打造文理交融的数学文化课程［J］．数学教育学报，2014，23（6）：4-6.

导致对数学潜在的人文性有所忽视。由此可见，数学教师具备成熟的数学文化课程观是促进数学文化融入课堂教学的前提。这便需要教师转变教学观念，树立科学文化理念，将数学视为文化范畴，正确理解数学知识与数学文化的内在联系，认识到数学文化和数学知识是有机结合的整体，对教师自身与学生的发展具有不可忽视的重要性；在传授数学知识的同时，也要自觉引导学生了解数学深厚的文化底蕴、认识数学文化的应用价值，形成特有的数学思维。

教师作为数学文化融入课堂教学的组织者，教师自身数学文化素养的充沛直接关系着教师能否开发各种数学文化资源并将其与文本教材有效结合、处理好数学文化渗透与数学知识传授的关系，继而充分展现数学文化素材的教育教学价值。故只有教师自身的知识储备足够充沛牢固，才能游刃有余地将丰富的数学文化内容传授给学生，进而提升学生的数学文化素养，引导其感悟数学文化的魅力。因此，教师可以首先充分利用校内外资源，通过阅读数学文化知识相关的期刊、图书、杂志等纸质材料，或者网络上关于数学文化教学的文献、视频等电子资源，多方面、多途径学习数学文化的相关理论知识，关注数学文化的前沿动向，扩宽自身的数学文化范畴，提升自身的数学文化素养。在高职阶段数学教学内容多、任务重的背景下，既要将数学文化内容融入教学过程，又要确保教学任务与教学进度的顺利进行，则需要教师在备课期间花费大量的时间与精力去收集相关的数学文化素材并与数学知识相联系，但这对于本就教学任务繁重的高职教师来说，无疑是一项极大的挑战。构建校内的数学文化案例资源库，收集并保存优秀的数学文化教学案例视频、教案、讲课课件或者相关的数学文化素材，可以使教师针对某一课题或者知识点获取案例资源库中的相关材料，并结合自身与授课班级的学生特点进行整理和修改，使备课环节中对数学文化教学素材的收集更加方便快捷，进而减轻教师教学负担。同时，构建校内的数学文化案例资源库也可以帮助教师及时了解数学文化研究动向，为教师对数学文化的相关专题研究提供物质基础。教学不是一个闭门造车的过程，教师只有不停地学习吸收新的教育教学思想，积极与同事沟通交流，探讨数学文化教学的途径方法才能始终满足社会对教师发展的要求与学生发展的需求。因此，教师可以通过校内外培训、专家讲座、集体学习、优秀教师座谈会等形式，获取数学文化知识、采取新的教学方式；或者开设相关的课题研究带动课题组的老师共同研究、共同开发数学文化素材，积极建立校内教师的沟通“桥梁”。例如，每周的教研活动、公开课教学、教师之间的听课评课等形式都是教师畅所欲言的机会，帮助教师积极沟通，在集体备课与反思过程中发生思维的碰撞，可以促使新教师向老教师学习优秀的教学经验，也可以使老教师通过交流发现数学文化教学的新资源、新思路等，在相互探讨的过程中发现并总结数学文化有效融入课堂教学中的途径与方法，继而实现共同进步。

3. 挖掘文化资源，深化教学渗透

挖掘数学文化素材、让“数学文化”走进课堂，能够帮助学生体会到数学文化与知识学习的生动互动，使学生在学习的过程中逐渐受到数学文化的熏陶，产生文化上的共鸣，进而提高数学的文化品位，丰富学生的数学素养①。教师作为培养人、引导人、塑造人的组织者，要肩负起数学文化传承的使命与责任，为数学文化的传播助力。充分挖掘数学教材中的数学文化、数学历史知识、数学美，既可以使课堂生动有趣，还可以促进学生对数学知识和数学文化的理解。因此，教师在课堂教学的过程中既要注重挖掘与数学知识相关联的数学史、数学名题及数学应用问题，显性提高学生对数学知识的掌握与运用、理解数学文化与数学知识间的内在联系，也要隐性促进学生对数学精神、数学思想方法等的体会和理解，引领学生感受数学文化之深邃。

数学历经长久的发展，形成了源远流长的数学文化及数学发展史，将数学史料渗透数学教学中，能够让学生在学习数学知识的过程中了解数学知识的起源、发展进程以及应用价值。例如，等比数列求和课题中“棋盘上的麦粒”故事的引入，能够引导学生在具体的故事情节中探索并发现等比数列求和公式，继而通过运用等比数列求和公式解决故事情节中的问题，实现数学文化与数学知识的相辅相成；《九章算术》的经典数学名题“米谷粒分”中渗透的“样本估计总体”思想方法，能够引领学生体会由样本估计总体的统计思想；数学家康托尔在很多人都反对集合观点的压力下，始终坚信自己的理论是正确的，这种坚定不移的品质以及大胆探索、勇于向传统数学思想发出挑战的精神，能够启发学生思考，促使学生体会数学家钻研数学知识的思想品行，学习数学家发展理论的艰辛过程和坚毅的精神，进而树立正确的世界观、人生观、价值观，实现数学文化的德育功能。

数学承载着思想，数学思想通常内化为学生的思维能力，对提高学生的智力水平和逻辑思维能力具有重要的意义②。然而，高职阶段的数学思想方法大都丰富多元且抽象难懂，故需要教师从专业的角度持续地将这种隐性的内容与具体数学知识进行有效结合，使重要观点和思想精神得以渗透，引导学生理解数学思想方法的内涵，学会举一反三，培养学生的数学思维与应用意识。例如：通过韦恩图法表示集合间的关系、数轴解决集合运算、借助函数图像比较函数值的大小等问题中隐含的数学结合思想；排列组合、不等式的求解、绝对值的简化等问题中蕴含的分类讨论思想；将复杂抽象的空间问题转化为较为简单具体的平面问题、通过“补、切”复杂图形将其转化为简单图形求解等问题中包含的转化与归化思想；求解一元二次不等式、求解二次函数的零点等问题中体现的函数与方程思想等都是高职阶段需要重点学习的数学思想方法。因此，教师应在知识讲解的过程中不断地向学

---

① 刘籍鸿．浅谈如何融入数学文化于中学数学教学中［J］．科技资讯，2020，18（33）：117-119.

② 何新燕，殷永霞．基于文本的高中数学文化教学策略［J］．教育观察，2019，8（17）：128，131.

生渗透数学思想方法，帮助学生了解掌握具体问题中蕴含的数学思想，引导学生学会触类旁通、举一反三，促进学生数学思维的形成与发展。

数学美主要体现在于外在形态与内在理性这两个方面，因而，教师应通过具体的实例引导学生发现几何图形、数学公式的对称美，数学比例的和谐美，数学语言的简洁美以及思维逻辑的严谨内在美等多种形式、多种内涵的数学美，理解数学美，进而能够主动欣赏数学美，获得良好的数学体验。例如：在学习二次函数的图像时，可以引导学生体会二次函数的对称美；命题及其关系的概念内涵讲解时，可以对比简单数学符号与文字语言描述的不同，引导学生发现数学的简洁美；教师还可利用多媒体展示天坛、鸟巢体育馆、泰姬陵、圣彼得广场等优秀建筑，引导学生发现在建筑造型中融入的圆锥曲线充分展现的对称美与奇异美；命题推理证明过程中演绎推理的严谨美，引导学生感悟推理过程中上下紧密联系的理性美。

4. 丰富实践活动，体验“做中学”

丰富多样的实践活动是学生获得基本活动经验、巩固知识的重要途径，可以帮助学生获得更多的数学文化知识与思想方法，从而开阔学生的眼界，为课堂内的学习提供知识背景与实践基础。因此，教师可以组织学生在课后或者假期间开展数学文化专题研究，以小组或者班级为单位围绕某一数学知识进行数学实验或数学建模的实践活动，在活动过程中提升学生对数学学习的热情，培养学生的探索精神和创造能力。例如：在探索函数的相关知识时，可以组织学生以小组为单位去收集发现与相关函数相联系的生活、经济甚至其他学科领域的问题情境并解决，感受数学知识的应用价值；在学习概率知识时，可以组织学生以班级为单位进行抛硬币试验或者收集历史上数学家做过的抛硬币的重复试验，引导学生感悟到利用频率估计概率的思想方法，加深对概率的理解，并在试验过程中从数学家身上学习一丝不苟、锲而不舍的精神；在学习几何知识的过程中，可以引导学生自主发现生活中隐藏的几何图形，感悟几何中的数学美，体会数学文化的魅力。

第二课堂是课堂教学的补充，开设第二课堂是落实数学文化教学、实现文化育人的重要一环，也是深化课程改革的内在要求，对创新数学文化教学及培养学生探索精神与实践能力具有重要意义。因此，教师可以通过第二课堂组织学生开展数学文化黑板报、手抄报等形式宣传与展出数学文化知识，或者举办以数学文化知识竞赛、数学文化故事会、讨论会、数学实践游戏、观看数学文化相关视频等形式引导学生学习、交流数学文化知识，丰富学生数学文化素养；甚至可以邀请专家在校举办讲座论坛，搭建学生与数学名人的交流“桥梁”，引导学生感受数学名人的人格魅力与探索精神，激发学生对数学文化强烈的学习兴趣，提高学生学习数学文化的积极性。

5. 掌握教学原则，凸显文化价值

数学文化的渗透是一个系统化、长期化、创新化的过程，为了平衡课堂中数学文化渗透与数学知识传授的关系，确保数学文化的有效渗透，教师在教学过程中应始终坚持以教学原则为准线，注重将“数学文化”渗透到不同的教学内容中去。通过各种形式与途径，引导学生以数学的视角构建世界，欣赏数学的内在美，感受数学的思想方法，体会数学的应用价值，使学生在生动多样的学习氛围中受到数学文化的熏陶，从而转变对数学枯燥无趣的误解，发现数学学习的意义与乐趣，激发学生数学学习的积极主动性。

教学设计阶段，首先应该贯彻循序渐进、因材施教的教学原则，筛选适合自身与学生特点的数学文化素材，既要确保其科学性，又要注重数学文化内容本身需符合数学知识自身的逻辑顺序，还要适应学生的认知发展规律。因为，无论是经由漫漫岁月积淀的数学史还是复杂多变的数学发展过程，这些繁杂难懂的数学文化知识并非全都适合讲解给学生，如果“泥沙俱下”，反而会造成学生的学业负担，产生厌学心理。其次应该注重教育性与科学性相结合的教学原则，以史为鉴，挖掘具有思想教育性的数学文化知识，融入具有激励意义的数学家事迹、具有启发作用的数学思想与数学家思维逻辑，搭建学生与数学家思维碰撞的“桥梁”，培养学生数学学习的积极性与自信心，引导学生形成积极向上的情感价值观。最后教学过程中要始终遵循巩固性的教学原则，将具有应用价值的生活和时代发展中的数学文化知识以问题情景的形式渗透到巩固练习环节中，引导学生感受数学文化的应用价值，培养学生学以致用的意识与能力。

在教学实施过程中，应该首先贯彻量力性的教学原则，根据本节课授课内容的特点适时、适量地融入数学文化内容，循序渐进地渗透数学文化内容，切忌囫囵吞枣。这便要求教师既要主次分明、平衡好数学文化渗透与数学知识传授的关系，使得数学文化渗透与数学知识讲授相辅相成，也要注意数学文化渗透的多样性，结合教学活动各个环节的教学特点通过不同的融入形式将数学文化有效渗透到教学过程中去，帮助学生在学习知识的各个环节自觉接受数学文化知识，发现数学文化内容与数学知识之间的内在关系，形成知识网络图，实现知识内化。其次要发扬教学民主、贯彻启发性的教学原则，在教学过程中始终注重学生的主体地位，引导学生独立思考，发展学生的逻辑思维能力，给予学生动手实践的机会，帮助学生通过生动活泼的实践活动，体验“做中学”的乐趣，培养学生理论联系实际的能力，发挥数学文化的育人价值。

第三节　高职数学教学的有效性

一、有效性教学

源自英语词语“effective”的“有效”，描述了一种事物或行为能实现预期的正面结果

的能力大小。这种效果的大小由付出多寡来衡量。如果投入少且获得多，我们就称为“有效”。相反地，若投入多却收效甚微，或是所得成果未能满足预期，那么就可被视为“低效”甚至是“无效”或“负效”。也有观点主张“无效”并非出现于教学活动之中，任何事件在教育过程的发生都应视作有效的，只不过产生的实际效应可能是消极、否定性的，而非正面的和肯定的。然而事实上，教学过程中确实会出现“误教”的情况，它是一种更具危害性的负面效应。在英语里，与“effective”对应的不是“effectiveless”而是“ineffective”，这表明我们无法简单地下结论说某个事物的效率是“无效”的。在研究领域内，我们可以把“无效”和“低效”相互替换使用，至于“负效”则是特指教学实践中对学生的负面影响。举例来说，一个数学教师在进行变式教学时，过于强调快速记忆解题步骤和方法，导致学生进行机械记忆，而非深入理解。

通常所说的“有效教学”对应的是“effectiveteaching”和“effectiveinstruction”。而在本书中，“有效教学”泛指教学活动，既包含了教师在课堂上的行为，也包括了教学的过程、原理和实践。本书所讨论的有效教学为实现高效的教学活动，也可称为“教学常态化”，即通过最少的时间和精力获取最佳教学效果。“教学有效性”翻译自“teaching effectiveness”或“the effectiveness of teaching”，或以名词形式称为“有效教学”，在含义上没有明显差异，都指课堂教学中达到预期的积极效果。

二、有效教学的本质特征与基本原则

（一）有效教学的本质特征

自从教学的有效性研究兴起以来，研究者对有效教学的特征的探讨就从来没有停止过[①]。研究者认为，有效教学最本质的特征如下。

（1）学生的进步与发展。学生的进步与发展是有效教学的最终目的，学生有没有进步和发展是对有效教学的本质要求，学生有多大进步与发展是对有效教学的数量要求。学生的进步与发展，要面向全体学生，包括每一位学生个体；要关注人的全面发展，包括学生的认知、情感等各个方面。

（2）教学的效益与效率。有效教学同时关注教学的效果、效益和效率，要求教师遵循教学活动的普遍规律，尽量以较少的时间、人力和物力，取得较好的教学效果，实现既定的教学目标，满足个人和社会的教育价值需求而实施教育活动。学生从教学中收获越多，教学也就越有效。

（3）教师的反思与提高。有效教学应考虑教师的收获预期和心理渴望。教学反思是教师

① 姚利民. 论有效教学的特征［J］. 当代教育论坛，2004（11）：23-26.

获得提高的重要途径和方法，可作为有效教学在反思教学理论中的重要借鉴与回应。反思行为本身就隐含着不断地自我鉴定和提高的意愿，也意味着教师的灵活性和责任感，更反映了教师的品质。

（二）有效教学的基本原则

教育的基本目的，是让所有学生都能够得到相应的进步与发展，而学生素质的进步与发展更是处于首要地位。于是，有效教学就显得尤为重要。有效教学最基本的原则如下。

（1）学生主体原则

所谓学生主体原则，即学生是主体，教师是主导；没有了学生的“学”，也就不可能有教师的“教”。所以，必须充分体现学生的主体地位，同时也应当充分发挥教师的主导作用。一方面，要用教师的“教”引导出学生的积极性和主动性，调动起学生学习的兴趣和欲望，确保学生学习过程的顺利进行；另一方面，用学生的“学”体验到教师教学的责任感和使命感，激发出教师的教学智慧和教学艺术，确保教师教学工作的有序开展。

（2）全面发展原则

所谓全面发展原则，即学生的发展，不仅表现在学生的学习成绩和考试分数的提高上面，而且表现在学生体魄的健壮、情感的丰富和社会适应性的提升。要从知识和技能、过程与方法、价值观与世界观等方面促进学生个体的发展，使获得知识与技能的过程同时成为学会学习、学会做人、形成正确的世界观、人生观和价值观的过程。同时要求，不放弃任何一个学生，不放弃学生的任何一个方面，真正使所有学生的各个方面都得到发展。

（3）学科特点原则

所谓学科特点原则，即教学有法但教无定法。正是由于各个学科的特点相异，使得各个学科的教学方法也大为不同。因此，教师必须充分了解本学科的特点，并充分运用本学科的特点，选择最适合本学科特点的教学方法和最适合学生接受的教学手段，用最简洁、最明快的方式进行教学，帮助学生以最快的速度、最深的程度、最精的准度来理解本学科的知识和理论，并掌握相应的基本技能，进一步形成可以固化的学科素质。

（4）持续发展原则

所谓持续发展原则，即在日常教学中，教师要加强时间效率观念，通过教学双边活动的优化调控，最大限度地提高课堂有效教学的时间量，通过改进教师的教学设计和帮助学生改进学习方法等途径，提高教学质量和效率。这样，就使学生能够取得可持续的进步与发展。如果一味地强调增加学习时间和刻苦用功的重要性，而要求学生照此执行，那么虽有一时的进步，却无持续的发展，乃重蹈“时间加汗水”的覆辙，实为不智之举。

三、高职数学有效性教学的内容

（一）帮助学生认识数学的重要性

在高职教育过程中，教师首先要让学生明白数学课程的重要意义，数学具有基础性和服务性，所以，通过学习数学，可以让他们的知识体系更加完善，从而更好地掌握专业知识，同时也能为将来的升本考研作好铺垫。其次，教师要帮助他们建立起学好数学的信心，在教学过程中，教师要把学生的基础放在第一位，耐心地、一步一步地讲解，多提问，多鼓励，针对他们掌握的情况，对教学进度进行适当的调整，并对他们进行指导和解答，增强他们的自信心，使他们能够更加主动地投入数学学习中。

（二）做到因材施教，开展分层教学

学生的智力、性格、习惯和学习潜力都是有区别的，同样的模式，千人一面的课堂教学，难免会出现顾此失彼的情况，从而影响到整体的教学效果。教师要根据学生的专业和未来的就业和发展方向，制定科学、合理的教学方案。比如，在数学教学方面，工程类专业要比经济管理类的要求高一些，让两类专业的学生都达到前者的知识水平，是一件困难的事情，也是没有必要的。在工科专业中，应加大数学教学力度，从严要求，确保培养出合格的人才。与此同时，就算是在一个班里，根据不同的学生，也要按照每个人的特点和学习习惯来进行分层教学，在完成基础教学之后，教师可以加大教学的难度，让学有余力的学生的学习能力得以最大限度的发挥。

（三）注重课堂提问的启发性

课堂提问也是一个非常重要的教学步骤，过去的高职教育中，在课堂提问环节里，教师设置的问题难易度不合理，学生参与课堂提问的积极性不高，造成课堂气氛沉闷，很难达到培养学生思维的目的，课堂教学效率不高。由于高职院校的学生处在一个比较成熟的年纪，他们的逻辑思维比较完善。因此，在实际的课堂提问过程中，我们要将教学目标与学生的认知特征相结合，采用富有启发性的课堂提问，使学生的思维真正地活跃起来，营造一个良好的课堂探究气氛。

（四）培养学生良好的批判性思维

在很长一段时间里，由于教师的教学方式等外部因素的影响，加之高职院校学生的自学水平不高，这使得学生们缺少了一种质疑的态度，他们只是在教师的指导下，按部就班地进行着自己的学习，很难培养出批判性思维，极大地制约了学生的创新思维的发展。高等职业学校是以毕业生为导向的职业教育，随着当今社会、经济和文化的不断发展，对人才的需求也在不断提高，没有竞争力的人才将会被社会淘汰。所以，在高职院校的数学教学中，我们

要注重培养学生的批判性思维，使他们敢质疑、思考、提出问题，并形成自己的判断，以此来提高学生的创造力，让他们能更好地融入社会中。要实现这个目标，首先，教师要主动实施“对话式”的教学，多和学生交流，和他们一起探索，在教室里创造一个双向、多向的对话环境，这有助于激发他们的思维活力，使他们能提出问题。其次，教师要注重培养学生的独立性，例如，创建翻转课堂，使学生能够在课堂上自学新知识，敢于在课堂上提问，这样可以持续地提升学生的自学能力，使他们在独立思考的同时，养成良好的批判性思维。最后，教师也可以采用具体的教学方法，例如在课堂上设置疑问，指导学生提问，加强教与学的互动，从而在不知不觉中提高学生的批判性思维素质。

（五）推动数学教材优化

数学教师要改变以往与专业课教师不进行沟通的局面，要对各个专业的教师以及学生所在的院系进行调查访问，阅读有关专业的书籍，弄清楚有关专业课程对高等数学知识的需求，找到它们之间的联系。在教材的选用上，应突破教材、教学大纲和教案的局限。可以针对各专业的特点，选择相应的教材，制定相应的课程计划。将原有的高等数学的计算方法等相关的数学知识与高职教育的特征相结合，突出以应用为导向的思想，去枝强干，学以致用，以此来改革课程内容体系。

（六）融入数学建模思想

要想培养学生的创造力，提升他们的数学素养，就需要让他们参与到数学的发现和创造中去，而建立数学模型则是一种有效的方法。数学模型以及与之相关的教学活动，可以突破传统的数学学科的自我封闭状态，为数学与外界的沟通开辟一条新的途径，在进行数学建模时，学生能够亲身参与到把数学运用到现实之中的过程。在遇到实际问题的时候，并不存在一个现成的答案，也没有一种固定的方式，它更多地依赖学生自己进行思考，不断地研究和探讨，去构造出合适的数学问题。然后，对问题的特征进行分析，寻找解决问题的途径，得出相关的结论，并且能够判定是非和优劣。数学模型可以帮助学生进行数学的发现与创新，并获得了在课堂上得不到的有价值的经历和切身体会。它可以启发他们的数学思维，促进他们更好地使用数学，品味数学，理解数学，热爱数学，在知识、能力和素质上得到快速发展，在将数学与实际问题相结合的过程中保持活跃的状态。这就是数学模型教学和相关教学活动所独有的特色和优点。

四、高职院校数学教学实效性的因素分析

（一）高职院校数学课程的目标设计

鉴于高等职业技术教育有其自身的独特性，高等职业教育有别于普通的高等教育，所以人才培养目标和人才培养模式也有所不同。但实际上高职教育却过分强调应用与实践，因

此，作为公共基础课程的数学课程课时不得不被一减再减，有的职业院校甚至停开了数学课程，这种状况极大地削弱了数学课程在高职教育中的作用，也降低了数学课程在整个高职教育中的地位，最直接的结果就是导致学生数学学习的效果与高职教育的目的脱节，虽然教学中讲授与专业有关的数学知识，但由于时间课时的关系，教学的深度没有完全拓展，学生学习不透彻，知识程度只相当于以前的中专水平，甚至有些专业本该需要讲授的数学知识没有时间去讲，大大降低了基础课程的服务性和工具性，阻碍了学生综合职业能力的培养以及终身学习。

（二）高职数学课程的教学内容

市场需求是高职教育的风向标，高职教育的课程教学内容应体现培养高技能应用型人才所需要的教育理论、教育观点、教育技能、教育价值等内容，在一定程度上对高职人才培养目标的实现起着决定性的作用。一方面，高职教育的教学内容要能满足学生学习专业课程时所获得从事职业岗位工作所具备的能力，另一方面，高职教育的教学内容还要满足学生就业及发展的需要。然而，现实的情况却是由于数学课时被人为地减少，高职院校在人才培养计划中不得不调整教学内容，只保留最最基本的数学基础知识，教学内容没有与专业知识学习相结合，体现不了数学学习的价值。

（三）高职数学的教师素质

教学应该是通过教师与学生的双向互动交流来完成的，然而，现在的高职教师大多毕业于普通本科院校，特别是数学教师，几乎清一色毕业于师范院校，教师习惯传统的教学模式、教学过程、教学方法，教学中特别注重知识逻辑的严密性、思维的严谨性，教学设计缺乏仿真问题情境的再现，教学内容的选择与组织缺乏职业性和实践性，教师不顾及学生的学习基础，也不顾及数学教学内容对专业知识实际运用的需要，在教学过程中教师只能是从头讲到尾，学生也只能是被动地听课，来不及思考，整个教学缺乏有效地调动学生自主学习积极性的手段和方法，当然，虽然有的教师也能结合多媒体平台代替板书进行教学，但是形式呆板，缺乏双向互动，久而久之使学生逐渐失去对数学学习的兴趣，极大地打击了学生学习数学的信心。

（四）高职院校的生源结构

随着高校扩招，高职院校的学生结构也发生了很大的变化，有的是通过普通高考进入高职院校，有的是通过成人高考进入高职院校，也有的是三二分段或者是五年一贯制的学生，生源结构相对比较复杂，而且进入高职院校的学生入学前的学习基础与学习动机不尽相同，进入高职院校的学生数学学习基础普遍较差，要么，有的学生根本不想学习，也不愿学习，要么，有的学生虽然想好好学习，但又听不懂，因此，生源结构和质量也是影响教学实效性的一个重要原因。

（五）高职院校的课程考核体系

高职教育的培养目标是适应生产、建设、管理、服务一线的高技能的应用型人才，实施的是一种素质教育，在这样一种人才培养模式下，应当建立一种相对宽松的、开放式的、以发展学生综合素质能力为主的评价体系。然而，现行的高职教学评价方式相对单一，许多高职院校采用平时表现成绩和期末考试成绩按一定的比例叠加的方式来评定学生的成绩，考核以教师为主，却忽视对学生的学习态度、学习过程、学习情感、学习创新等方面的评价，更缺乏企业、行业以及学生本人的参与，使学生永远处于被动地位，这种考评方式不仅不利于高职教学的实效的开展，还会伤害学生的自尊心和学习的自信心。

第四节　高职数学教学的数字化转型

一、数字化技术

当今世界，数字化的迅猛发展正在深刻地重塑生产力和生产关系的本质，成为引领经济社会发展转型的关键驱动力。在这一宏观背景下，数字化的发展已成为构建新型发展模式的核心要素。数字技术，作为伴随计算机技术诞生的一项尖端科技，其核心在于利用特定设备将图像、文字、声音等多种形式的信息转化为电子计算机能够处理的二进制数据，进而实现高效的数据运算、处理、存储、传输和传播。这一技术也常被称为计算机数字技术或数码技术，其在信息处理过程中涉及编码、压缩和解码等关键步骤。随着社会的不断进步，我们已步入一个全新的数字时代，人们的日常生活与物联网紧密相连，无论是人际交流还是日常的学习、工作和生活，都离不开这一技术的支持。数字技术不仅已成为社会的主流科技，而且已渗透到人类社会的每一个角落，对现代生活方式产生了深远的影响。

在当今的商业环境中，数字化转型已成为企业智慧化的关键路径，其核心目标在于重塑业务模式，提高生产效率和质量。与传统的信息化相比，数字化涉及的内容和实施过程更为复杂和深入。数字化转型的基本特点主要体现在两个方面：一方面，业务的数据化。正如肥沃的土壤是培育优质作物的先决条件，数字化转型必须建立在坚实的业务数据化和数据治理基础之上。这要求企业通过前期信息化建设，将关键业务流程电子化和网络化，确保数据能够伴随业务流程的展开而产生和积累。同时，企业还需整合外部多源数据，构建支持数字化转型的数据资源库。另一方面，数据的业务化。数字化不仅仅是将业务流程简单地转移到线上，更重要的是实现数字技术与业务的深度融合。这意味着数据从收集、整合、分析到应用的全过程，都应在业务流程中发挥其价值，从而有效支持精细化管理和科学决策。数字化转型的成功实施，将带来业务流程的全面优化和管理模式的根本性变革，这正是数据赋能的真正意义之所在。

随着数字技术的持续进步与广泛应用，数字化已成为现代社会发展的关键驱动力之一。在这一进程中，数字设计课程扮演着至关重要的角色，为这一趋势提供了必要的支撑和推动。经过数字化设计技术的不断演进，过去几十年间涌现了众多创新的技术及理念，然而，时空协同效应始终是推动这一领域发展的核心要素。

从更宏观的视角来看，数字化设计开发过程实质上是一个将最新信息技术从单一应用扩展到系统集成，进而全面渗透到产品设计各个层面的过程。当前，广泛的仿真应用正逐渐成为数字设计技术发展的主导方向。随着虚拟样机概念的引入，仿真技术的应用正变得更加协同化和系统化。深入研究和开发虚拟样机及其关键技术，不仅将显著提高教育领域的信息化水平，还将有力推动社会教学工作的全面高效转型，为教育创新和科技进步开辟新的途径。

在当今这个数字化浪潮席卷全球的时代，我们见证了多种数字化融合模式的兴起与繁荣。这些模式不仅涵盖了数字化与电子化的结合，还包括了数字化与信息化的深度融合、数字化与多媒体化的创新应用、数字化与网络化的广泛扩展、数字化与数据化的精准分析，以及数字化与智能化的前沿探索。特别是在数字化与智能化的模式中，“智能化”这一概念被赋予了新的生命和深刻的内涵。智能化，作为一种技术进步的体现，它依托于网络技术、大数据分析、物联网以及人工智能等先进技术的支持，使得物体能够展现出满足人类多样化需求的特性。这一概念实际上蕴含了两层深意：首先，它涉及运用“人工智能”的理论、方法和技术来处理和解决信息问题；其次，它追求物体具备“拟人智能”的特性或功能，如自适应、自校正、自协调、自诊断及自修复等高级功能。智能化不仅代表了工业控制和自动化领域中新技术的集成与创新，还是这些领域未来发展的重要方向和显著标志。随着技术的不断进步和应用的深入，智能化将继续推动自动化技术向着更高层次、更智能化的方向发展，成为推动社会进步和经济发展的重要力量。

综上所述，数字化技术的发展已经非常成熟，这些众多的融合模式为数字化技术改造社会提供重要支撑，因此，为了促进当前教育行业的快捷发展，利用数字化技术对教育行业进行模式重塑也成了一项重要的工作。

二、高职数学数字化转型的内涵

数学是自然科学之本，重大技术创新之源。党的二十大报告指出，我国在一些关键核心技术领域实现突破，战略性新兴产业取得重大成果、重大科技创新，充分证明了基础学科研究中数学学科的研究直接影响着国家实力①。高职数学课程作为数学学科的应用课程，是职

① 新华社．高举中国特色社会主义伟大旗帜为全面建设社会主义现代化国家而团结奋斗：习近平同志代表第十九届中央委员会向党的二十大作报告（摘登）［J］．中国金融家，2022（11）：8-25.

业教育人才核心素养的底层支撑，更应该深刻理解高职数学课程育人模式在职业教育数字化转型下的内涵表征，是提高职业院校数学学科育人效能、实现现代职业教育高质量发展的重要环节，也是职业院校对“培养什么人，是教育的首要问题”这一命题的具体落实。

（一）高职数学课程“数字赋能”是引领职业院校基础学科发展的排头兵

2019年，科技部、教育部、中科院、自然科学基金委联合印发《关于加强数学科学研究工作方案》指出，统筹支持数学及交叉科学研究，围绕科学与工程计算、大数据与人工智能的数学理论与方法、复杂系统优化与控制、计算机数学等重点方向进行项目部署，这一举措为我国数学科学研究带来了发展机遇。近现代产生的计算机、控制论、信息论、计算数学、博弈论等具有强大生命力的数学分支极大丰富了数学学科的发展成果，其与交叉学科融通所产生的边际效应和带动效应极强。面对国家政策的顶层设计与行业技术创新领域的现实需要，职业院校数学学科建设唯有积极应对，主动拥抱数字技术，在数字技术赋能下真正成为学习者核心素养培养的排头兵，发挥出推进职业院校基础学科发展无可替代的引领作用。

（二）高职数学课程“数字赋能”是高素质创新型人才培养的“压舱石”

当前，我国经济稳步发展，产业数字化转型，旧的生产方式重构，科技力量赋能行业创新发展之路比历史上任何时期都需要大量高素质技术技能型人才。随着5G、虚拟仿真、人工智能、物联网、大脑科学等数字技术在工作场景中的广泛应用，一大批新兴产业与新兴职业应运而生，职业教育以数字技术为纽带联通行业、产业、专业、就业，也迎来产业调整快速化、生源类型多样化、学习需求个性化的挑战。高职数学课程是培养高素质技术技能人才核心素养的重要基础课程，在数字技术赋能下唯有变革传统大规模、标准化、整齐划一的育人模式，采用分层次、个性化育人模式，让不同知识储备、不同学习能力、不同专业方向的学习者，能够遵从兴趣、方向和节奏，进行沉浸式学习。唯有重新理解数字时代如何培养高素质技术技能人才核心素养，把产业界的创新创造传导给学生，才能让高职数学课程的人才培养和技术服务“跑赢”专业岗位需求。

（三）高职数学“数字赋能”是职业院校智慧课堂变革的新态势

数字技术逐步实现了职业教育“现实课堂”“虚拟课堂”“混合课堂”沉浸式融汇的全新育人环境。数字技术赋能现代职业教育对高素质技术技能型人才的职业素养、文化素养培养方式也倒逼高职数学育人环境走向可视化、数字化。高职数学在学科根基上以其对数字技术的科学把握、智慧融合，发挥出了其在人才数学科学素养和可持续供给上的优势。随着数字化水平的提高，深奥的数学基础理论能借助智慧平台直观呈现，加速推进着课程自身的数字化转型进程。

（四）高职数学“数字赋能”是传统与创新的平衡共生

高职数学课程“数字赋能”不是数字技术对数学经典理论方法的简单嫁接，而是两者在替换与生成中逐渐趋于同行，协同关联，平衡共生。数学经典理论的诞生多是缘于解决生产、生活中的实际问题，蕴含着深刻的理想信念、人文精神、科学价值和道德情怀等元素，利用数字技术创设问题情境，就是要把课堂教学中的理论知识还原于生活，引导学生遵循发现问题、探究问题、解决问题和总结规律的路径掌握数学逻辑思维、演绎推理能力，内生追根溯源、不懈求真的科学精神，成为德、智、体、美、劳全面发展的社会主义建设者和接班人。在数字技术赋能下的虚拟仿真、人机交互的数字学习环境，“时时可得、处处可学”的数字化资源，使深奥抽象的数学理论实现了情境认知学习，加速了高职数学课程传统教学方法和育人模式的数字化转型，塑造了知识为基、品德为重的课程体系，教学模式、学习空间等要素与数字技术深度融合①，促进了高职数学课程创新育人思维的变化，实现了从简单叠加到深度融合的系统性赋能。

三、高职数学数字化转型的时代要求

职业教育是我国现代化教育体系的重要组成部分，发展数字职业教育，能够培养引领数字时代的现代化复合型人才。数字资源能够突破时空的边界，让不同地域、不同教育背景的人平等地获取数字教育资源、享有充分学习的机会，能够推进跨圈层、跨领域间的学习交流，能够发挥技术的独特优势。如今 OpenAI 再放大招，人工智能将重新定义教育未来，随着文字生成视频的出现，图片生成视频、视频生成视频也将成为可能，每个人都将成为自己生活、学习和工作的导演。随着科技的发展，人工智能在海量算力的基础上必将做出更流畅、时长更长的 AI 视频，未来教育从业者可以把它作为工具，生成大量满足自己要求的个性化教育教学视频，职业教育应乘势而上，从大规模标准化向个性化、智能化转变，让每一位教师拥有新型数字化教育教学能力，让每一名学生拥有适合自己的教育方案，真正实现因材施教、教学相长，更好地服务未来的新兴产业，体现职业教育对学生的价值。

（一）数字经济高速发展呼唤高职数学教学改革

未来人工智能、大数据、物联网、区块链发展速度将呈几何级倍数增加，人们的生产方式、生活方式和获取知识的途径都将发生深刻变化，跨学科、多学习场所的教学新模式将是未来职业教育的新特点，在线课程、虚拟课堂、云教材、数字图书馆等多种学习新媒介将使学习变得更加灵活、高效。未来社会需要的是有想法、能创新、能发现并解决问题的人才，数学作为我们理解世界本质、看清万物关联的工具，是推动科技发展的重要因素。传统的高职数学教学模式无法完全满足个体差异的需要，重视理论而忽视学生实际应用能力的培养将越来越不适应时代的需要，随着企业对人才的需求日益多样化，尤其对实际应用能力的要求

① 朱德全，熊晴．数字化转型如何重塑职业教育新生态［J］．现代远程教育研究，2022（7）：12-9.

不断提高，可以预见，不与时俱进改进教学模式，培养出来的学生将会越来越难以适应市场需求。数字技术的迅猛发展，加速了高职数学教学的改革与创新。

（二）创新育人新思路是顺应时代变革的需要

科技日新月异带动社会的进步，也塑造着新的职业教育体系，学校必将变成能够接纳多种学习主体、兼容多种教学模式、实施多元评价标准的“学习者中心”。我们必须加快数学课程和专业课程的深度融合，利用“课岗赛证”综合育人，将数学课程与职业实践、专业需求紧密结合，改变以灌输讲解理论知识为目的的课堂教学，通过搭建大数据模型在海量的信息资源中为学生甄别、挑选、定制、创作符合学习要求的数学课程资源，为学生提供学前指导和课堂辅助，引导学生学什么、怎么学；通过项目教学、企业专家实训指导等校企合作的真实实践场景，将行业标准和工作经验引入教学过程，提高教师的教学水平和学生的实操能力；通过专业课实训、沙盘模拟、数学实验、职业技能大赛、数学建模大赛、信息素养大赛等多种培训和比赛方式，培养学生的职业能力，以赛促教、以赛促学、以赛促能，让学生在做中学、学中做。传统的数学教育评价体系单一，与就业市场评价体系相关性弱，在数字化转型的大背景下，学校和教师团队应充分考虑建立与新型教学模式相适应的评价体系，除了基础逻辑能力的考核，还要注重考核与应用相关的能力，增加团体合作、素质项目类考核，提升学生自主学习、合作学习的积极性。

（三）职业教育人才数字素养与技能的发展趋势

1. 普通公民

在数字化转型时代，对于普通公民来讲，已经从聚焦单一技能培养转变为注重提升利用数字技术创新性解决问题的能力。数字素养与技能（Digital Literacyand Skill）是数字社会公民学习、生活应具备的数字获取、制作、使用、评价、交互、分享、创新、安全保障、伦理道德等一系列素质与能力的集合①。进入智能时代，不少国家均进行了公民数字素养和技能培养的规划。国际层面，2022 年联合国教科文组织发布《变革职业技术教育与培训实现成功和公正转型联合国教科文组织战略（2022—2029）》，提出应确定学习者向数字和绿色经济转型所需的技能②。欧盟的数字胜任力框架 1.0 版和 2.0 版高度关注公民数字胜任力和数字转型技能培养，通过对公民数字技术的创新应用及解决问题或达成任务的复杂度、完成度及整个过程中的综合行为表现来衡量公民的数字胜任力，并重视创造力③。2020 年，欧盟委员

---

① 中华人民共和国国家互联网信息办公室．提升全民数字素养与技能行动纲要［EB/OL］．http：//www. cac. gov. cn/2021-11/05/c_ 1637708867754305. htm，2021-11-5.

② UNESCO. Transforming technical and vocational education and training for successful and just transitions：UNESCO strategy 2022-2029［M］．Paris：the United Nations Educational，Scientific and Cultural Organization，2022：9.

③ 郑旭东，范小雨．欧盟公民数字胜任力研究：基于三版欧盟公民数字胜任力框架的比较分析［J］．比较教育研究，2020，42（6）：26-34.

会发布《欧洲技能议程：促进可持续竞争力、社会公平和抗逆力》，提出支持绿色和数字化转型相关技能①。2019 年数字智联 CDI（The Coalitionfor Digital Intelligence）发布数字智商的全球框架 *DQ Global Standards Report* 2019，从数字身份、数字使用、数字安全等 8 个宽泛领域，数字公民、数字创造者、数字竞争者 3 个层次，知识、技能、态度和价值观 3 个方面，交叉构建了全球公民数字智商的 24 项基础能力。该框架认为，数字智能是一套以普遍道德价值观为基础的综合性技术、认知、元认知和社会情感能力，使个人能够面对数字生活的挑战，适应其需求②。数字素养与技能逐步从着重对公民知识、技能、态度的描述和刻画，发展为注重创新性运用技术解决复杂问题的完成度③。

国家层面，澳大利亚政府从顶层设计、标准制定、课程开发和技能认证等方面系统构建了数字技能人才培养体系④。德国《数字议程 2014—2017》明确指出数字化给环境带来的新挑战以及职业更新换代过程中对新技术的要求⑤。劳动者能力在数字化转型背景下呈现“以技术要求的系统融入为核心的整体性能力结构、以数字能力的特定聚焦为核心的专门性能力结构、以传统能力的增量呈现为核心的附加性能力结构”三种结构形态，突出强调了数字能力的新需求⑥。我国 2021 年发布的《提升全民数字素养与技能行动纲要》，对公民数字素养与技能的内涵和行动措施作出了明确规定。数字素养与技能的获得逐步成为公民融入和迎接数字时代变革的通行证⑦。

2. 职教师生

世界经济论坛《职业前景报告 2023》指出，未来五年技术仍将是业务转型的关键驱动力，其中，大数据、云计算和人工智能是企业最有可能采用的技术⑧。职业教育人才应具备应对当下和未来工作场所所需的正确技能，尤其是对关键技术的基础运用场景和基本概念

---

① European Union. European Skills Agenda For SustainableCompetitiveness, Social Fairness and Resilience [EB/OL]. https://migrant-integration. ec. europa. eu/library-document/ european-skills-agenda-sustainable-competitiveness-social-fairness-and-resilience_ en, 2020-6-1.

② Yuhyun P. DQ Global Standards Report 2019: CommonFramework for Digital Literacy, Skills and Readiness [R/OL]. https://www. dqinstitute. org/2021/12/10/worlds-first-global-standard-for-digital-literacy-skills-and-readiness-launched-by-the-coalition-for-digital-intelligence/, 2019-03-22.

③ 王佑镁，赵文竹，宛平，等．数字智商及其能力图谱：国际进展与未来教育框架［J］．中国电化教育，2020，396（1）：46-55.

④ 翟俊卿，石明慧．提升数字技能：澳大利亚职业教育人才培养的新动向［J］．职业技术教育，2021，42（19）：73-79.

⑤ 伍慧萍．德国职业教育的数字化转型：战略规划、项目布局与效果评估［J］．外国教育研究，2021（4）：76-88.

⑥ 尉淑敏，王继平．数字化转型背景下德国劳动者能力变革及对职业教育的影响［J］．比较教育学报，2023（2）：3-19.

⑦ 中华人民共和国国家互联网信息办公室．提升全民数字素养与技能行动纲要［EB/OL］．http://www. cac. gov. cn/2021-11/05/c_ 1637708867754305. htm，2021-11-5.

⑧ World Economic Forum. Future of Jobs Research 2023 [R/OL]. https://www. weforum. org/publications/the-future-of-jobs-report-2023/, 2023-04-30.

的了解。与一般公民应具备的数字素养和技能不同，职业教育参与主体的数字素养和技能是“利用数字化技术驱动职业教育教学、学习、管理、评价以及校企合作等核心业务结构性重塑的能力”①。德国《数字化世界中的教育》提出了工作世界中职业能力的七个方面，包含数字设备的操作与数字化工作技术的应用能力、个体专业化的职业行动能力等②，专业数字能力又分为基础性专业数字能力和相关职业更高级别的专业数字能力要求。2020年教育部发布《职业院校数字校园规范》，提出支持“专业知识、职业技能和信息素养”三位一体，“专业知识与职业技能、职业技能与信息素养融合”的高素质技术技能型人才培养。该文件强调教学中“以满足企业实际工作需要的典型工作任务为载体”，利用数字技术营造基于真实工作环境的学习环境，使学生在学习过程中掌握“工作过程知识”，形成以工作过程为导向的信息化教学模式。基于此，职业教育人才的数字素养与技能应能支撑其完成数字环境下的工作任务。

职业院校教师的数字素养与技能既包括运用数字技术和资源开展教学的能力，又包括不同专业对应的职业领域和工作场所所需的数字素养与技能③。职业教育人才的数字素养和技能是一种特定职业领域的数字素养与技能，既包括通用的数字素养与技能，也注重对专业领域特定数字素养与技能的培养。通用数字素养与技能主要解决基础工作任务，如文档编写与幻灯片制作。专业领域特定的数字素养与技能则能支持员工实现职业目标，迎接职业挑战或解决工作问题。不同专业学生所需的数字素养与技能由专业领域的独特性决定，其培养目标应与数字化产业岗位要求一致，并被纳入专业技能培养的课程内容④，即依托已有的计算机通识课程与本专业核心课程，培养学生应具备的一般数字素养和技能以及利用数字技术解决专业领域工作任务的综合职业能力。

四、高职数学教学数字化转型的作用及原则

（一）作用

从高职数学教学过程进行分析，数字化技术的使用，将对高职数学教学产生十分重大的作用，能够让学生更好地对高职数学知识进行掌握和理解。首先，在以往教学过程中，基本是教师利用板书开展教学工作，再对板书中题目的解题思路和方法进行讲解，从而对数学知识进行传播，但是这种教学方式只能让学生被动地接受数学知识，难以对数学知识

---

① 邓小华．职业教育数字化转型的理论逻辑与实践策略［J］．电化教育研究，2023（1）：48-53.

② 王路炯，邹鲜．数字化转型背景下职业教育群体数字能力提升的目标、路径与特点：以德国为例［J］．中国电化教育，2023（5）：80-86+104.

③ 唐林伟．职教教师数字能力发展：国际视野与中国路径：基于UNESCO-UNEVOC近三年三份报告的分析与借鉴［J］．中国职业技术教育，2023（4）：27-35.

④ 孙守勇，李锁牢．职业教育数字化转型的内涵、表征与实践路径［J］．教育与职业，2023（1）：35-42.

进行合理使用，直接限制了学生创新性思维。在这种情况下，把现代教育技术与高职数学进行深度整合，有利于充分发挥出学生主体作用，可以让学生主动参与到学习活动中，以此从消极学习转变为积极学习。通过对数字化技术的科学合理使用，构建良好的学习环境，可以激发高职学生学习兴趣。对于高职教师来说，高职数学教师需要科学合理地对数字化技术进行使用，才能产生良好的教育作用，实现学生学习兴趣的提升，并且通过制作与高职数学相关的微课、趣味故事等，让数学知识体现出幽默性、趣味性，提高高职学生的学习效率。和以往教学模式不同，使用数字化技术能够让学生直接掌握和理解数学知识。学生通过数字化技术使用，可以对数学知识进行独立自主思考，也可以发挥出主观能动性，有利于拓宽学习范围。

（二）原则

数字化技术和以往教育模式有很大区别，其所呈现出的形式是多方面的，教师应当科学合理选择数学教学内容，从而充分发挥出现代信息技术的高效性，更好地提高教学效率和质量。数字化技术与高等教育的深度整合，其本身也体现出两者相辅相成的关系，数学教育以教材为主，但是也不完全依托教材知识，借助数字化技术多样化反映出教材知识，让学生更好地对数学知识进行吸收和掌握。数字化技术有着非常特殊的优势作用，在高职数学教学中，使用数字化技术能够让学生更好地接受知识和掌握知识，并且可以很好反馈出学生的学习效果。高职数学教学不能过于死板，要体现出灵活性，这就需要发挥数字化技术的作用，才能使教学课堂对学生起到提升作用。在高职数学教育中，数字化技术有着非常重大的潜力，可以活跃教学课堂气氛，更好地体现出数学知识的深度和广度，以此提高学生学习效率。

五、高职数学数字化转型的要素

高职数学课程“数字赋能”使课程形态逐步转为在线化和虚拟化。智慧课堂、立体教材、数字资源和智慧评价等都成为高职数学课程育人模式变革的“案头词”。人机协同、情景建构、游戏体验等以学生为中心的教学模式不断涌现，线上线下混合式学习、虚拟现实项目式学习、分层次个性化学习等以学生为中心的学习方式层出不穷，给高职数学课程在学缘结构、学习方法、教师角色、学习资源和教学质量评价体系等方面带来全面深刻的变革。

（一）学缘结构变革

在职业教育“百万扩招”“应用型本科教育”的背景下，学历教育与培训并举的法定职责落地，初中毕业生“普职分流”、往届毕业生回流，尤其因文化课成绩不理想升学无望直接就业的社会人员、企业人员可以平等地接受职业教育，丰富了职业教育学缘结构。这些“新生”源自社会各行各业，年龄、知识储备和社会阅历等存在较大的差异性，带来了高职数学课程的教学对象数学基础参差不齐的现实问题。基于教育主体的特殊性，要求高职数学课程在育人过程中利用数字技术增强针对性和精准度，进行个性化、层次化施教，通过精准画像、精准供给实现精准育人、精准评价。

（二）学习方法变革

就学习方法变革而言，数字化学习环境成为应对学习方法变革的基本保障。“数字赋能”给高职数学课程带来多媒体课件、微课、资源共享精品课等交互式电子教材，智慧课堂、虚拟实验室、云端课堂等互动工具，学习者数字画像等数字技术，改变了传统被动、单一的学习方法，智慧化、数字化、虚拟化的实践场域实现了学习者与学习内容的多模态感知与交互，在体验、感知、实践过程中增强技能习得的亲身体验，规避真实工作场景中的安全风险，教师实现教学效果最优化，学习者获得优秀文化素养和技术技能。课堂教学中人人、人机协同互动促进知识的深度学习和迁移，实现学习者沉浸式学习、创新性发展，“人机学习，处处可学”的数字资源成为学习者终身学习的新途径。

（三）教师角色变革

高职数学重在考察思维，关键核心是解决问题。虽然在人才培养周期内高职数学课程的育人价值难以快速显性化，但它却是“培养什么人”这一个教育关键问题求解的“船”和“桥”。在传统以讲台、黑板、粉笔为教学基本工具的教学活动中，知识的保真传授度完全依赖教师的课堂教学，教师以其知识、技术技能的权威性，扮演着知识技能的传授者、理论教材的执行者与实践教学的控制者等角色。知识的保真传授度也就成为衡量数学教师教学质量的唯一指标。这种“知识本位”理念忽视了学生在教学活动中的主体地位，直接影响教师的教学质量。在新时代职业教育拥抱数字化技术的浪潮下，数学教师由信息技术的观望者和忠实执行者转变为信息技术的创造者和设计者，直接催生了角色发生根本性转变，具体表现在以下几个方面：由知识的权威变为平等中的首席；由静态知识占有者变为终身学习者；由实践教学控制者变为学习活动设计者、组织者、引导者和参与者；由孤立的教学人员变为相关联的教师团队（虚拟团队、结构团队等）。随之而来的则是“数字赋能”教师后具备了能力的变革，特别是数学知识在新兴职业领域的应用，促使包括数学课程教师、专业课程教师和学习者进行沉浸式个性化学习，数学教师扮演诸如学习活动的认知情景的设计者、素养品德的培育者、技能习得的领航人和社会实践的协作者等多样的角色。

（四）学习资源变革

高职数学课程“数字赋能”之学习资源变革表现在新型数字化、信息化、立体化教材的“多维呈现”。如纸质教材中的重难点被赋予二维码，学习者只需扫描二维码即可获得生动可视化的讲解，获得“人机学习，处处可学”的终身学习新途径。还可获得可视化应用场景、实用案例和技术发展成果等，让学生直观感受数学知识、逻辑思维对岗位职业素养

的培养和应用效果。在新型教学资源的帮助下，特别是数学理论应用于岗位相关的各类技术实践应用模式，使学生能够全过程、全方位体验学习资源变革对未来复合型人才的要求。

（五）教学质量评价体系变革

教师管理课堂的能力是贯穿育人全过程的必备能力，离不开科学有效的教学质量评价体系。积极有效的评价，对教学具有诊断、激励和调节的作用，反之，不当的评价将会造成教与学的双向压力。在教学质量量化评价向质化评价转变的过程中，利用大数据技术采集与分析教和学全过程，能够在帮助学生自我诊断、立体画像的同时，实现评价中最为教师所困惑的过程性活动效果诊断与监测，达到预判、策略调整、优化供给和多路径引导学习的目的，兼备时效性与实效性，从而更好地服务教学实践活动。在学生自我诊断过程中，大数据技术会分析结果并有针对性地推荐数字学习资源，将评价作用合理发挥，实现教学效果的最优化。

六、高职数学数字化转型创新育人实践方向

（一）资源建设是基础

目前，普遍存在职业教育数学课程数字资源建设相对滞后于职业教育数字化发展步伐、数字资源效用较低、形成了“资源孤岛”或“数字废墟”等现象。数学课程作为公共基础课程是学生“卡脖子”难题的关键。教学中弱化理论成因性思维训练，满足于延续传统数学的极端实用性倾向，数字资源处于相互隔离的封闭环境，产生“资源孤岛”，无法实现跨区域、跨平台应用，限制了资源的交互性①。因此，整合已有资源，开发建设精品共享数字资源正当其时。如在知识内容上，以国家智慧教育公共服务平台为依托，遵循数学核心素养培育规律，形成以理论知识、文化素养、创新发展为基本结构的在线云课程体系和包含教学案例、考试题库、融媒体教材等的线上资源库；在教学工具上，基于数字校园、智慧教室等学习空间，以电脑、手机等智能设备为终端，运用虚拟仿真数学软件在智慧教室完成教学设计、实施、诊断和评价。

（二）融合专业是方向

结合专业需求，基于国家职业资格标准，建立对接职业资格标准且融合专业素养的通识课程，强化融合专业素养所需的数学课程教师、教材、教法“三教”改革，按照职业能力发展和岗位迁移能力要求，基于通识教育理念，确定高职数学课程目标、开发人才培养方案；基于通识教育评价体系，开发职业能力测评模型；同时，做好通识课程和专业课程

---

① 管皓，秦小林，饶水生．动态数学数字资源开放平台的研究与设计［J］．哈尔滨工业大学学报，2019，51（5）：14-22.

的内部衔接及其之间的精准对接，打造通识教育和专业教育融合的人才培养体系①。如根据职业院校专业学习需求，以细化专业必需的数学相关知识点为抓手，调整优化高职数学课程教材内容，为取得课程育人实践成果提供基础保障。

（三）教学模式改革是核心

遵循“知识、素养、技能”的建设逻辑，守正创新，改革教学方法，顺应世界理科课程改革潮流和趋势，高职数学“数字赋能”以全新的模式服务于德智体美劳全面育人体系中。如借助翻转课堂理念，创新实践高职教学 O2O 线上线下混合式教学设计，见图 2-1，通过在线开放课程平台发布课前导学任务，指导学生利用线上资源实现课前学习，引导学生利用测验评价功能进行独立分析思考，将思考结果提交团队交流讨论，在体验感知中提出问题，为线下知识学习与内化奠定基础。课中通过“虚拟情景+智能技术+云课程”实现情景体验、个性化指导、拓展练习，课程平台全程监控学习进度，课后考核结果通过课程平台精准定位每位学习者，方便学习者自主完善诊改或提供教师对学习者给予个性化问题反馈与评价。

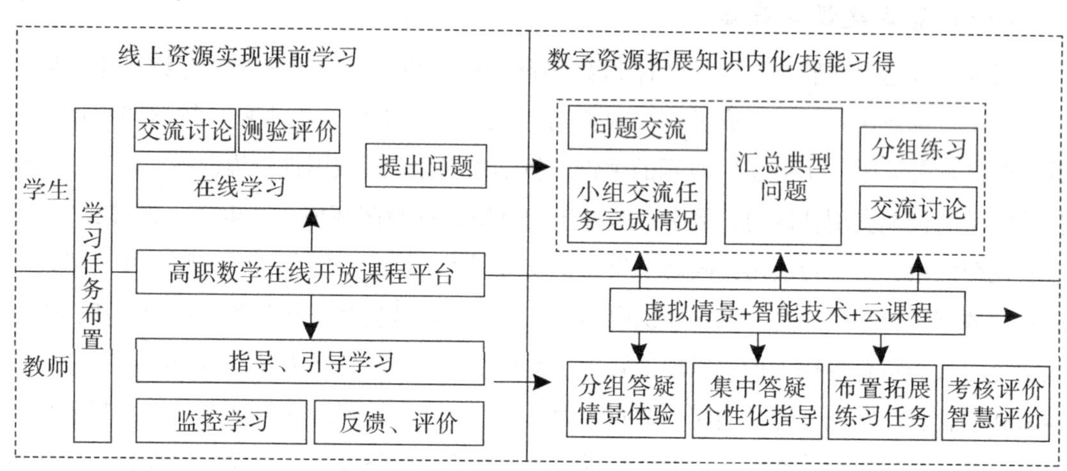

图 2-1　借助翻转课堂理念实现高职教学 O2O 混合式教学设计

（四）教师数字素养是关键

职业教育教师应适应产业升级需求，掌握更高水平的技术技能，具备一定的研究创新能力。创新教师素养培养是提高教师能力水平的关键，对职业教育教师的创新素养培养还需要摒弃现有“蜻蜓点水式”的研修和“急于求成式”的机制，应从专业能力、教育教学能力和科研创新等方面综合性培养、全方位提升、持续性跟进。如在遵循知识体系与逻辑关系的前提下，利用数字技术把课程中蕴含的理想信念、人文精神、科学价值和道德情

① 杨帆，龚小涛．高职院校专业教育与通识教育融合发展的实践与思考：以西安航空职业技术学院为例［J］．工业技术与职业教育，2018（3）：28-30.

怀等思政元素“应挖尽挖”“精中选精”，让数学课程立德树人目标得以实现。如在课程思政育人过程中，可探索“主题+渗透”式德育教学方法，提高学生学习兴趣和课堂教学效率，重点强化工匠精神的培养，使学生更好地理解自己生活的世界，提升学生的科学素养。

第三章　翻转课堂在高职数学教学中的应用

第一节　翻转课堂的内容

一、翻转课堂

（一）翻转课堂的概念

翻转课堂是为了提高学习效率并重新安排学生的学习时间和转换教师和学生在教学环节中的角色而设立的，始终以学生为中心。翻转课堂的核心是让学生在上课前通过教学视频自主学习，在上课过程中与教师进行讨论交流，从而帮助他们更好地掌握学习内容。朱苗等人则认为“翻转课堂”的本质是让学生在课余时间观看学习视频，教师在课上处理学生的问题并让学生充分掌握知识点①。

教师通过制作网络平台教学资源进行教学，学生通过自主学习达到学习目标，最终通过师生或同学之间的互动完成知识的内化和掌握。

翻转课堂，作为一种颠覆传统教育模式的新兴教学策略，正深刻地影响着高职教育的格局与未来。这一概念的提出，不仅是对传统教学模式的一次勇敢挑战，也是对现代教育理念与数字技术深度融合的一次积极探索。在高职教育的广阔天地里，翻转课堂以其独特的魅力，为培养具有创新精神和实践能力的高素质技术技能型人才开辟了新的路径。

（二）翻转课堂的产生背景

为克服传统教学的各种弊端，翻转课堂应运而生。21 世纪初期，美国提出了“翻转课堂”这一新型的教学模式新概念，也就是在课堂之外让学生预习课文中的知识，教师则是在对学生预习情况实际分析的基础上，结合学生存在的疑惑与问题，加强对重点知识和难点知识的讲解，将学生在预习新知识之后产生的疑问，以及学生认为的知识难点收集起来，对学生学习的薄弱点进行详细的解答和知识点强化，使学生的知识学习更深化。

翻转课堂本质上是一种教育模式的翻转，它实现了对传统课堂内外教学组织结构的重

① 朱苗．基于 spot 的大学翻转课堂教学模式研究［D］．新乡：河南师范大学，2016.

新调整与优化，学生成为课堂上的主体，加强了对自主学习的探索，在对学习项目和相关知识的探索活动中找出某些重点、难点问题，课堂上可以空出更多的时间由教师辅导，与学生之间进行个别化的交流，加强对知识重点和难点的深层次探究，提高课堂教学的质量。

（三）翻转课堂理念的内涵解释

许多教师简单地认为，翻转课堂就是课前要求学生看视频、课中进行交流和讨论、课后进行反思评价的活动。实际上，目前翻转课堂模式在实践中有严重形式化的倾向，并未真正提高教学效率和质量。翻转课堂作为一种教学模式，支撑它发展的是背后先进的教学理念。结合目前翻转课堂发展趋势，需要对翻转课堂的理念进行再认识，尤其是要转变教师教学理念，帮其深刻认识翻转课堂的本质。

1. 翻转课堂是一种以学生学习为中心的教学模式

英特尔全球教育总监布莱恩·冈萨雷斯说道："翻转课堂是指教育者赋予学生更多的自由，把知识传授的过程放在教室外，让学生选择最适合自己的方式接受新知识，而把知识内化的过程放在教室内。"① 翻转课堂的实质在于教学活动要回归教学本身，强调学生的主体性，回归学生的学习，是信息化环境下的一种积极主动学习。与传统教学注重教师讲授及学生记忆相比，翻转课堂要充分发挥网络技术方面的优势，以学生学习为中心，给学生提供更多的自由空间，选择学生适合的方式，鼓励学生探究，引导学生主动学习。实践证明，学生的主动学习能够带来良好的教学效果。

2. 翻转课堂是一种以深度学习为目标的教学模式

20 世纪 50 年代中期，美国学习专家罗杰·萨尔乔和费伦斯·马顿第一次明确提出：学习有浅层学习和深度学习两种类型②。在推进翻转课堂的实践中，尽管教学形式多种多样，但缺乏真实的教学情境，经常忽视学生的接受能力及教学内容本身的要求，导致学生容易出现浅层学习现象。因此，要以深度学习为目标，注重教学的情境性，以深度理解为基础，关注高阶思维活动，强化对教育学知识的加工和处理，突出个性化的学习指导和服务，加强学生内化和教师反思，帮助学生形成对教育学独到的、完整的、富有批判性的认识。

3. 翻转课堂是一种以混合式教学为形态的教学模式

混合式教学及理念由国外引进，国内何克抗教授最早倡导混合式教学。现实中混合式

---

① 在线教育能否带来学习革命［EB/OL］. https://news.12371.cn/2013/04/17/ARTI1366151633326180.shtml?from=groupmessage，2013-04-17.

② 段金菊，余胜泉. 学习科学视域下的 e-Learning 深度学习研究［J］. 远程教育杂志，2013（4）：43-51.

教学多指线上教学与线下教学相互混合或结合的状态，它强调教学的多元优化思想，能有效发挥教师的主导作用和学生的主体性，目前，混合式教学作为教学改革的理念和趋势，使翻转课堂获得新的发展。混合式教学并不是简单的技术混合，而是借助信息技术手段，拓展教学的时空，加强学习的体验性，使面对面教学和网络教学相混合，使个人学习和集体学习相混合，实现教学主体及环境、教学资源和教学方式的优化组合。

（四）翻转课堂的核心理念与教学模式

翻转课堂的核心理念是以学生为中心，重构教与学的过程，主要借鉴建构主义学习理论，强调学生的主体地位，即学习是学生主动构建知识框架的过程。在传统教学中，知识传授多通过教师的课堂讲授，学生在课后完成作业内化知识。翻转课堂则颠覆了这一过程，学生在课前通过观看微课视频、在线学习等方式完成知识学习，课堂时间主要用于帮助学生内化知识，如交流讨论、质疑思考、合作探究等。在教学设计上，翻转课堂通常分为课前学习、课中互动和课后巩固三个环节。课前学习阶段，学生利用网络平台、移动终端等新媒体形式自主学习教学视频等资源，完成知识获取；课中互动阶段，教师组织学生讨论、协作等活动，指导并监控学生的学习过程；课后巩固阶段，学生运用所学知识完成练习作业，教师提供评价反馈。翻转课堂的实施需要教与学双方转变角色定位，学生从被动接受知识的对象转变为学习的主人，教师从知识传授者转变为学习过程中的指导者、协作者和提问者。

二、翻转课堂的优势与类型

（一）翻转课堂的优势

翻转课堂是一种与传统教学模式完全不同的新型教学方式。在翻转课堂中，学生不再是在课堂上被动地接受知识，而是在课前通过互联网和多媒体资源自主预习和探究知识，课堂上的时间则主要用于学生的讨论、交流和深化理解，以及教师的答疑解惑和指导。这种教学模式彻底改变了传统的教学流程，使学生能够更加自觉主动地参与到学习中，提高了学习效率和自主学习能力。

1. 满足学生个性化的学习需求

在传统的教学模式中，所有学生都被安排在同一进度下学习，往往无法满足每个学生的学习需求和能力水平。而在翻转课堂中，学生可以根据自己的实际情况自主安排学习时间和进度。他们可以根据自己的学习能力和兴趣爱好选择适合自己的学习方式和资源，例如通过视频教程、在线资源、参考书籍等方式进行自主学习，使学习更加灵活和个性，满足不同学生的需求和能力水平。

2. 提高学生的学习效率

翻转课堂是一种创新的教学方式，通过调整教学流程，打乱知识传授和知识内化的顺序，从而更好地提高学生的学习效率。在翻转课堂中，学生可以在课前自主预习和探究知识，通过观看视频、阅读教材、网上搜索等方式，对新知识进行自主学习和探究。这样，在课堂上，学生就可以更加深入地理解和掌握知识，教师也可以根据学生的预习情况，更加有针对性地讲解和引导学生理解知识。此外，翻转课堂还为学生提供了更多与同学和教师交流互动的机会。在课前预习阶段，学生可以通过网络平台与同学进行讨论和分享学习心得；在课堂上，教师可以组织学生进行小组讨论、案例分析等活动，促进学生的交流和合作。交流互动可以帮助学生更好地解决学习中遇到的问题，提高学习效率。

3. 增强学生的自主学习能力

翻转课堂以学生为中心，强调学生的自主学习和积极参与。在这种教学模式下，学生需要自主探究知识、解决问题和参与课堂讨论，不仅锻炼了学生的自主学习和思维能力，还有助于培养学生的创新精神和合作意识。翻转课堂中的自主探究学习可以让学生更好地掌握知识和技能，学生可以自主构建知识体系，形成自己的见解，更好地理解和掌握知识，提高学习效率。

4. 促进教师与学生之间的交流互动

在翻转课堂中，教师不再是单纯的知识传授者，而是学生的指导者和伙伴，可以与学生进行更加深入的交流和互动，更好地了解学生的学习情况和需求。教师可以通过学生的反馈及时了解教学中存在的问题和不足，调整教学策略和方法。同时，学生也可以通过教师的评估及时了解自己的学习情况，调整自己的学习策略和方法。这种反馈和评估机制可以促进教师与学生之间的互动交流，提高教学质量和学习效率。

（二）翻转课堂的类型

在教学实践中，关于翻转课堂的基础应用模式通常有两种：一种是在课外实施翻转，即课外翻转课堂；另一种是在课内进行翻转，即课内翻转课堂。

1. 课外翻转课堂

在课外翻转课堂中，第一个阶段是学生自主获取新知识，这主要通过信息技术的辅助、微视频的指导来进行。在这一阶段，教师应重点关注教学微视频、自主学习任务单等学习资源的设计。在设计这些学习资源时，要综合考虑课程内容、学生需求、学习时间、学习兴趣以及教学方法等多方面因素，以确保资源的有效性和适用性。课外翻转课堂的第二个阶段是课堂上的讨论与交流，其中的关键环节包括复习导入、解决共性问题、团队合作学习和小组互动等。

2. 课内翻转课堂

课内翻转课堂与课外翻转课堂大体相似，均被划分为两个主要阶段：第一个阶段是学生自主学习新知识，第二个阶段是教师组织课堂内的讨论与互动，两个阶段的设计思路没有本质区别。

但课内翻转课堂与课外翻转课堂的主要差异在于学生自学的时间、环境，以及学习方法上的不同。在课外翻转课堂中，学生自学的时间与环境更为多样，可以是在学校的自习课上、回家路上、家里，而课内翻转课堂则限定学生在课堂上完成自学。因此，课外翻转课堂由于时间和地点较为自由，更能凸显学生的个性化学习特点；相比之下，课内翻转课堂受到时间和空间的限制，学生无法自如地选择暂停或回放教学视频，也不能根据自己的学习进度来安排学习内容，个性化的程度相对较低。在课内翻转课堂中，由于学习时间完全由教师掌控，学生的学习方式自然受到更多限制。此外，课内翻转课堂的一个显著问题是教师难以充分掌握学生的学情，导致课堂教学的针对性和有效性相对较弱。

三、翻转课堂教学设计

（一）翻转课堂设计的核心要素

教学设计是对教学系统的设计。其中教学目标、教学准备、教学内容、教学结构、教学方法、教学评价是最基本的要素。翻转课堂的调换教学流程、重新定位师生角色、改变教学方式等特点，使其教学设计与传统教学设计有所不同。本书依据传统教学过程设计的因素及翻转课堂的内涵特征，将翻转课堂的教学设计的核心要素归纳为学习者分析、教学目标、教学内容、教学资源、教学过程、教学评价。

1. 学习者分析

教学设计的目的是促进学生高效的学习。学生作为学习的主体，教师的任何决策都应该以学生为出发点，对学习者的分析就是最基本的要求。翻转课堂强调学生的个性化学习，学习者分析成为其个性化教学的前提。学习者分析通常可以分为认知能力、认知结构、学习态度、学习动机及学生风格等。翻转课堂的实施需要信息技术设备，以及学习平台作为支持。对于首次开展翻转课堂的教师来说，除了对学生进行常规的学习者分析以外，还需考虑到学生所拥有的信息技术设备，以及对学习平台熟悉的情况。

2. 教学目标

作为教学的起点和终点，教学目标是呈现学生学习成果的最直接表述。明确的教学目标不仅能够引导、控制、激励和评价教学方向，而且在教学过程和实践活动中扮演着至关重要的支配和指导角色。具体体现在指导教师根据教学目标选择合适的教学内容、采取适当的教学策略、设计恰当的评价工具等。在当前翻转课堂的研究中，主要将翻转课堂划分为课前知识传递及课中知识内化两个阶段。参照布鲁姆教育目标分类，课前的知识传递让学生认知和理解基本知识和技能，旨在培养学生的低阶能力。课中通过问题解决实现知识的应用、分析、评价和创造，从而促进知识的内化迁移和学生高阶思维能力的发展。在设计翻转课堂教学目标时，应在知识与技能、过程与方法、情感态度及价值观这个三维目标的基础上，设置课前自学目标到课中目标的发展性分层目标。考虑到翻转课堂的课前、课中阶段学习具有延续性，因此分层教学目标并非简单地将三维教学目标与之生硬分离，而是将课前学习目标的认知难度相应降低，课中学习目标应为课前目标的深入，从而体现出层次性。翻转课堂重视学生掌握基本知识和技能，更关注提升学生自主学习能力、问题解决能力、创新意识以及团队协作能力等高阶思维能力，因此翻转课堂的教学目标必须体现出发展性和高阶性。

3. 教学内容

教学内容是解决“教什么”的问题。知识点是组成教学内容的基本信息单元，一节课中包含了若干知识点。在传统的课堂教学中，教师通常会根据课程标准和学生的认知水平来确定教学的重点和难点，然后按照教材所呈现的知识点顺序进行讲解，而对于知识的整合活动则较为缺乏。由于翻转课堂中学生的自主学习先于课堂教学，较传统课堂而言在学习环境和学习目标上就有所差别。这就要求教师对教学内容进行更加深入细致的分析和梳理，对知识点进行更加精细的划分和重构。课程内容的重构是将课程内容小颗粒化，以单个知识点为单位将教学内容分为基础知识点和进阶内容知识点。然后将进阶内容按照知识和技能培养的逻辑顺序进行排序，得到一条课程内容的主链，然后以此为主将辅助进阶内容和基础知识内容按照对应关系编入主链，形成系统的课程内容结构。在选择翻转课堂内容时，要以课前、课中内容紧密联系、相互支持为原则，挑选简单的基础知识点作为课前自主学习，将复杂的进阶知识点留给课堂教学。

4. 教学资源

教学资源是支持学生完成各项学习活动的相关材料，设计良好的教学资源能够降低学生在学习中的认知负荷，提高学生的学习效率。翻转课堂的教学流程包括课前自主学习和课中互动教学，这决定了教学资源的多样性，并要求提供有针对性的教学资源。翻转课堂的教学资源以信息化为主要技术手段、以微课为主要形式，其制作要结合学习者分析、课程目标、课程内容的特点进行“量身打造”，必须具备较高的针对性。翻转课堂的教学资源最好是教师针对重构的课程内容逐一制作，应有学习指导书、小视频、电子教材、PPT、测试题等内容，然后将系列微课资源上传到数字化学习平台，形成系统的、便于传播的教学资源库。

5. 教学过程

教学过程是教学活动展开所经历的阶段、环节和步骤，也是教学各要素之间相互作用的动态展开。翻转课堂教学活动的设计按照课前、课中、课后三个阶段开展，重点是课前和课中两个阶段的教学活动设计。课前活动主要完成基础知识的学习，课中要在教师的指导下，师生、同伴共同探讨、协作解决问题，以促进思维能力的培养，实现知识的内化。在进行翻转课堂教学活动时，课中教学活动的设计要保证与课前活动衔接，教学环节之间也要保证无缝衔接，层层深入。避免因课前、课中教学活动割裂，出现形式上翻转的情况。教学活动的顺利进行还需要选择合理的教学策略，以促进教学活动的有效开展。教学设计时要根据教学内容、学情分析等选择启发、问题式、合作学习、情景教学、任务驱动等教学策略。

6. 教学评价

教学评价是一项基于教学目标的活动，通过对教学过程和结果的判断，激发学习主体的积极性，并为后续教学活动的调整提供可靠的参考依据，具有至关重要的意义。翻转课堂注重培养学生在学习过程中的感知、自主学习和合作学习的能力，以促进其全面发展。因此，翻转课堂教学评价，教师应秉承发展性的教学评价理念，吸纳多评价主体共同参与，以总结性评价、过程性评价构建多维度评价内容，对学生进行综合的评价。根据教学过程的顺序，对翻转课堂方式教学评价可分为课前自主学习评价、课堂表现评价以及课后评价。课前自主学习评价，教师可以利用学习平台对学生的学习进度、知识掌握情况以及自主学习的态度进行评价。课堂表现评价为课堂互动学习的评价，评价主体为教师和学生，主要是对学生在小组合作中参与度、贡献度及合作态度的评价。教师对学生在课堂上的表现进行评价时，主要考虑小组展示的内容质量、展示形式以及组内协作情况，从而对学生所在小组的合作学习成果进行全面评价。课后评价主要是对知识内化情况的评价，是通过知识点测验来进行评价的。翻转课堂的教学评价要将过程性评价与总结性评价相互融合，同时结合教师评价、学生评价和组间互评，将学习态度、课中互动、测验结果和小组合作等多个方面的评价内容有机结合，以展现其综合性、多元化和发展性的特点。

（二）翻转课堂教学设计的特点

1. 学情分析具体化

在翻转课堂中，学情分析除了根据教师以往的经验和学生已掌握的知识等情况以外，教师还可以结合具体知识的教学，从学生的已有的知识体系、情感态度，以及在未来的学习中可能会出现的问题、对翻转课堂所需要的信息技术支持平台的熟悉程度等多方面着手，更加具体全面地分析学生的各方面情况。翻转课堂教学模式尊重学生的个体差异，所以要求教师全面掌握课前学生的自主学习情况，密切关注学生的课堂表现，并及时跟踪课后学生的巩固复习，以确保学生的主体地位贯穿于整个学习过程之中。

2. 教学内容选择的适用性

翻转课堂这种教学模式因其本身所具备的特点，决定了并非所有的知识点都适合翻转课堂，因此，在进行翻转课堂教学时，教师选择的教学内容要注重精准性与适用性。在传统课堂上，教师要尽可能在有限的时间里把最多的知识点都教给学生，生怕漏掉任何一个知识点，所以有时候考虑不了知识点的逻辑性与学生的接受程度。但从学生角度来说，一节课接受的知识点过多，能消化的却寥寥无几。在进行翻转课堂教学设计时，教师需要根据课程的目标与翻转课堂的适用性对课程内容做相应的筛选，需要仔细挑选最适合的知识点将其翻转，并准备相应的教学资源，以便于学生自主学习和教师后续的教学。

3. 教学过程设计开放化

在翻转课堂课前自主学习阶段，学生通过自主学习视频、查阅资料、测试等方式构建知识和发现问题，而在课中教学阶段，学生则进行知识的内化和问题的解决，教师的教学过程设计可以更加灵活多样，具有开放性。在教学过程中，学生可以自主思考并解决他们在课前所遇到的学习难题；或与同伴们交流探讨，进行头脑风暴以攻克难题；通过小组合作探究、成果展示等也可为学生解决难题。教师可通过构建适宜的情境，提供个性化的一对一指导，以及及时的反馈和评价，促进学生对知识的理解和掌握，并培养他们的综合能力。

4. 教学策略选择多样化

翻转课堂的教学策略主要侧重于如何引导学生在学习的过程中获得更深层次的认知和理解。教学策略选择上可以多样化，包括启发式、合作和探究等多种方式，这些策略不仅能够激发学生的学习兴趣，还能提高他们在课堂上的参与度。有助于提升学生在课堂教学中的表现，从而有效地提高教学质量。

5. 教学评价设计多元化

在传统课堂中，教师的教学评价往往比较单一，通常只凭几份试卷就能决定学生一个学期的成绩。而翻转课堂的教学评价涵盖多个方面，包括课前自主学习、课堂表现、小组作业以及期末测评等。教师可以自行分配各个部分的占比，而课堂表现的评分则由教师、同学和学生三个主体进行评价，最终的综合分数可由三方主体进行打分。另外还可以根据课程特点对学生进行分层评价，并结合学生自身情况给予不同程度的关注和鼓励。因为翻转课堂教学设计的评价主体和评价方式更加多元化，所以相较于传统教学的评价方式而言更加公正。

（三）翻转课堂教学设计的原则

1. 以学生为认知主体的原则

翻转课堂将知识学习和知识内化过程翻转，它改变了教师和学生的角色，这就要求教师从“课堂的主讲者”变成“课堂的辅助者”，而学生不再被动地接受老师讲授的知识，变成了学习的主体。在教学过程中，学生要通过教师制作的视频自主学习，成为学习的主人，教师的作用是辅助学生主动学习，必要时给予相应的帮助，教学设计时应明确翻转课堂中学生是认知主体这一原则。

2. 课前课中相互支持的原则

课前自主学习对后续的课堂学习具有重要作用，经过自主学习阶段，学生可以初步掌握知识点，对课堂上的知识能够做到心中有数，在课堂上进行知识内化和应用时就更加容易。课堂上联系课前学习的知识，学生掌握一个知识点就会有成就感或满足感，而这种满足感会让学生更加自信也会更愿意去主动学习，反过来又可以促进课前的自主学习。翻转课堂教学设计要满足课前、课中紧密联系相互支持的原则，不能随意设置课前自主学习的知识点，一定要注重知识的结构性、逻辑性，课前、课中知识点的相互联系、相互支持。

3. 互动交流有效性原则

在翻转课堂中要将课堂还给学生，教师退到辅助的位置，课堂上以互动交流和学生合作学习为主。这就要求老师放开课堂，提供一个能让学生愿意表达、互动交流的空间，使学生在课堂上与同学和老师讨论问题，从而完成知识的内化。在这个过程中，互动的程度对学生的学习效果有着重要的影响。因此，在进行课程设计时，教师需要充分考虑学生的自主学习情况，并总结他们的问题。应该事先规划和确定课堂互动的主要方向，确保课堂上的互动交流是有效的，在此基础上教师也要尽可能地提高课堂互动交流的效率和质量。

四、翻转课堂的情境创设

（一）翻转课堂的情境创设原则

1. 情境创设与教学目的一致性原则

首先，教师应根据教学目标确定情境创设的主题和具体内容。例如，如果教学目标是让学生掌握某种数学知识或技能，情境创设的主题和内容就应与这种数学知识或技能相吻合。如此一来，学生便能通过教师创设的情境来理解和掌握这种数学知识或技能。其次，教师应结合学生的兴趣和认知水平，明确情境创设的具体方式。例如，如果直观形象的方式与学生的认知水平、兴趣特点相吻合，教师就应采用更加直观形象的方式来进行情境创设，使学生能够通过情境创设更好地理解和掌握相关教学内容。教师设置符合学生认知发

展水平的情境，可以使学生更好地理解课程内容，强化学习效果。教师还应关注学生的个体差异，针对不同学生的特点和需求，采取个性化的教学策略，使学生在学习过程中得到充分的发展。最后，在教学过程中，结合现有的教学环境和设备条件，教师应判断当下创设的某种情境方式是否具有可行性，是否符合实际。如果发现教学环境和设备条件与某种情境创设方式不相适配，教师应果断地选择其他更合适的方式，避免弱化教学效果，阻碍教学工作的顺利进行。如果教学环境和设备条件无法满足进行相关数学实验教学的需求，教师就应该灵活变通，利用现有的教学资源，采用模拟实验、观看实验视频或者讲解实验原理等多样化的方式，来有效保证教学效果。教师还可借助现代信息技术，为学生提供丰富的学习资源和教学辅助工具，以此激发学生的学习兴趣，提高教学质量。

2. 情感激活原则

首先，教师应根据学生的认知水平与兴趣特点来确定情感激活的方式和内容。例如，如果学生的认知水平和兴趣特点适合于直观形象的方式，便应采用更加直观形象的方式来确定情感激活方式和内容。如此一来，学生便能通过情感激活，更好地理解和掌握教学内容。其次，教师应根据教学目标与教学内容来确定情感激活的具体方式和手段。例如，如果教学目标是让学生掌握某种知识或技能，情感激活便应围绕此目标进行。如此一来，学生便能通过情感激活，更好地理解和掌握这种知识或技能，实现学习目标。最后，教师应根据教学环境与设备条件确定情感激活的可行性和可操作性。例如，如果教学环境和设备条件不适合于某种情感激活方式，教师便应选择其他方式。在此过程中，教师要充分考虑教学目标和教学内容，确保情感激活方式与教学目标、教学内容相一致。

（二）翻转课堂的情境创设方法

1. 通过数学史料创设情境，激发学生兴趣

数学是一门抽象的学科，有些学生难以理解其中较为复杂的知识内容，在此种情况下，教师可以运用数学史料，如数学家的故事、数学发现的过程等，创设相关数学情境，吸引学生的注意力。首先，教师可以利用数学家的故事来激发学生的学习兴趣，使学生深入了解数学的发展历程，以及数学家是如何解决各种难题的。比如，教师可以讲述毕达哥拉斯是如何发现勾股定理的，或者讲述欧拉发现欧拉公式的故事。其次，教师可以利用数学家发现数学知识的过程来引发学生的思考。这样，能让学生了解数学知识的形成过程，以及如何运用数学知识解决所遇到的数学问题。例如，在为学生讲述数列极限概念的时候，教师可回顾我国古代数学家刘徽和祖冲之的割圆术，让学生发现通过不断分割圆，当分割越来越细时，所失去的部分会越来越少，当分割次数不断增加时（直至无法再分割），剩下的部分便会与圆完全重合，没有任何损失。为了计算圆的周长，教师可带领学生制作内接正六边形，然后制作内接正十二边形、正二十四边形等。随着边数的无限增加，此类

正多边形的周长越来越接近一个常数，因此认为此常数就是圆的周长，即圆周长可以看作圆内接正多边形边数无限增加时的极限。又如，教师可讲述中国古代思想家庄子的“一尺之棰，日取其半，万世不竭”的极限思想。这句话意味着，每天将一尺长木棒的一半取走，无论经过多少代，木棒的长度都不会减少到零。这类生动的例子，能够激发学生探求知识的欲望，使学生带着强烈的求知欲和好奇心开始新知识的学习。

2. 角色互换，引导学生自主学习

在教学中，教师可以与学生进行角色互换。首先，教师应选择合适的时机组织学生进行角色互换。一般来说，教师可选择在教学的重点和难点部分进行角色互换，以帮助学生更好地理解和掌握重点教学内容。除此之外，还可在教学的结尾部分进行角色互换，让学生运用所学知识来解决问题，以此来检验他们的学习效果。其次，教师应为学生提供足够的信息和资源，此类信息和资源可以包括教学大纲、教材、教学视频以及一些实际的案例和问题等，以使学生能够站在多个角度来思考问题。最后，教师应给予学生足够的时间和空间来进行角色互换。教师可设置一些任务和问题，并给予学生充分的思考和完成时间，引导学生运用所学知识来解决问题。

例如，在解释导数几何意义的过程中，教师可以利用多媒体动画生动地模拟割线逐渐靠近其极限位置的全过程。此过程能自然而然地导出“切线的倾斜角是割线的倾斜角的极限”这一结论，也能够顺利推导出“导数 f′（x）的几何意义是曲线 f（x）在点 M（x，y）处的切线的斜率”这一结论。多媒体动画的演示，能够以生动的形式将抽象且枯燥的概念和定理呈现给学生，使学生理解这些复杂的数学知识内容。

3. 计算机模拟，创设动态情境

当今时代科技飞速发展，人工智能、大数据等技术已经渗透到各行各业中，在教育领域也衍生出了一种新的教学方法，即运用计算机模拟技术为学生创设动态化的教学情境。计算机模拟技术在数学教学中发挥着重要作用，尤其是在讲解抽象数学概念时，通过计算机模拟技术的使用，学生可以直观地看到某些数学图形动态变化的整个过程，从而更好地理解此类概念。例如，在讲解函数、导数、积分等概念时，教师可以利用计算机模拟技术，让学生观察函数图像的变换、导数与函数图像的变化关系、积分与导数的关系等，使学生对此类抽象的数学概念产生更深刻的认识。在现代教育中，计算机模拟技术已经成为一种重要的教学手段。通过使用计算机模拟软件，学生可以在虚拟环境中进行各种实验，从而加深对知识的理解和掌握。此外，计算机模拟还可以让学生在实践中学会发现问题、分析问题和解决问题，从而有效培养学生的实际操作能力和创新能力。又如，在讲解概率论时，教师可以利用计算机模拟技术，让学生通过模拟实验来探究概率事件的规律，使学生更好地理解概率论的基本概念和原理。运用计算机技术、数学知识和数学建模方法开展数学实验，有助于解决学生在复杂计算中的困扰。在数学实验过程中，通过对问题的解答，能使学生按照实验要求，对相关的数学知识进行深入的了解，还可以让学生了解这些专业知识是如何在实践中运用的。总之，通过结合计算机、数学知识和数学建模来解决实际问题，可以极大地提高学生的学习积极性。以定积分教学为例，教师可要求学生只熟练掌握基本的积分方法，而较难的部分可以通过开展数学实验来补充，使学生在实践中得到切实的锻炼。

4. 利用多媒体课件，创设直观教学情境

信息化时代，多媒体课件已经成为教育教学中不可或缺的一部分。教师可以运用多媒体课件，如图片、动画、视频等，为学生创设直观的教学情境，强化学生的学习效果。首先，多媒体课件可以丰富教学内容。传统的教学方式往往依赖书本和黑板，形式相对单一。而多媒体课件通过图片、动画、视频等多种形式，能够将抽象的知识具体化、形象化，有助于学生更好地理解和掌握知识，加深对知识的印象。其次，多媒体课件可以提高学生的学习兴趣。与传统的教学方式相比，多媒体课件具有更强的互动性和趣味性。通过图片、动画、视频等形式，多媒体课件可以将知识以生动活泼的方式呈现给学生，激发学生的学习兴趣。最后，多媒体课件可以拓宽学生的视野。多媒体课件可以将教学内容与现实生活、社会热点等紧密联系起来，使学生能够更好地了解知识在实际生活中的应用。在教学过程中，教师根据课程内容和专业的实际情况来设定案例，要凸显其专业性，能够使数学知识真正应用于实际，让学生感受数学与生活的紧密联系。例如，在教学旋转曲面及其体积时，教师可以带领学生实地参观学校的机械车间，观察机床进行机械加工的过程，或者在学生的实习实训中，教师带领学生适时地分析数学在生产实践中的应用问题。学生对于这种实践活动会表现出极高的热情，积极参与、主动配合、认真领会。这种将数学知识与专业实践相结合的教学方式，对理论课程教学有着良好的推动作用，能大大提高教学工作的效率和质量，使学生更快更好地掌握数学思想和应用方法。

5. 贴近生活，创设趣味性教学情境

随着教育教学方法的不断创新，生活实例引入教学已经成为一种新的教学方式。教师可以运用生活实例为学生创设真实的、生活化的教学情境，使学生在轻松愉快的氛围中学习数学。首先，生活实例可以帮助学生更好地理解数学知识。教师将生活实例引入教学，可以让抽象的数学知识变得更加具体化、形象化，使学生更容易理解和掌握复杂的知识内容。例如，在教授平面几何时，教师可运用生活中的例子，如房屋装修、绘制地图等，让学生直观地感受平面几何的相关知识，从而更好地理解几何概念。其次，生活实例可以提高学生的学习兴趣。与传统的教学方式相比，生活实例具有更强的趣味性和互动性。例如，在讲解统计学知识的时候，教师可以让学生分析生活中的数据，如家庭支出、人口普查等，使学生更好地掌握统计学知识。最后，生活实例可以培养学生的实际操作能力。通过生活实例，学生可以将所学的数学知识应用于实际生活中，提高自身的实际操作能力。例如，教授数学建模时，教师可以让学生尝试解决生活中的实际问题，如交通拥堵、环保等，使学生在解决实际问题的过程中掌握数学建模的方法和技巧。除此之外，为了让学生更好地理解和掌握数学知识，教师在教学过程中要注重创设生活化的、真实的情境。创设这种情境，既能激发学生的学习兴趣，又能让学生在轻松愉快的氛围中体验到数学知识的魅力。

6. 利用复习预习，创设研讨型的情境

按照教学内容，数学教师应安排研讨型的数学作业，并在下次上课前要求学生上台进行讲解。研讨型作业指的是教师在讲解之前把体现教学目的的题目、教学内容的基本知识点布置给学生，学生想要完成作业，就必须自学。在作业解答期间，学生应对学习过的知识内容认真复习，逐步领会其中的重点公式、定理等，并联系旧知识与新知识，达到融会贯通。这要求教师掌握好研讨型作业的难度系数，不宜过高或过低。学生在完成研讨型作业的时候须明确学习任务，有效锻炼自身自主探索知识的能力。而当学生上台讲解教师布置的教学任务时，也能够有效地培养自身的口语表达能力，提高学习效率。

五、翻转课堂与传统课堂的差异

翻转课堂作为一种新兴的教学模式，与传统课堂在教学理念、教学结构、学生角色以及教师角色等方面存在显著差异。

（一）教学理念的不同

传统课堂的教学理念通常是以“教师为中心”，即教师在课堂上讲授知识，学生在课后通过作业等方式巩固所学内容。这种模式下，学生往往是被动接受知识的角色。

相比之下，翻转课堂的教学理念是以“学生为中心”，强调学生的主动学习和深度参与。在翻转课堂中，学生需要在课前通过观看教学视频、阅读材料等方式自主学习基础知识，而课堂时间则用于解决疑问、深入讨论和实践操作等互动性更强的活动。

（二）教学结构的不同

在传统课堂中，教学结构通常是线性的，即教师按照预定的教学计划，依次讲解各个知识点，学生则跟随教师的节奏学习。这种结构下，学生的学习进度和理解程度往往受到教师讲授速度的限制。

翻转课堂的教学结构则更为灵活和非线性。学生可以根据自己的学习节奏和理解程度，自主安排课前学习的时间和内容。课堂上，教师可以根据学生的实际需求，灵活调整教学活动，提供个性化的指导和支持。

（三）学生角色的不同

在传统课堂中，学生的角色主要是知识的接受者。他们通过听讲、记笔记和完成作业来学习知识。在这种模式下，学生的参与度和主动性相对较低。

翻转课堂中，学生的角色转变为知识的探索者和应用者。他们需要主动学习课前材料，并在课堂上积极参与讨论和实践活动。这种角色转变有助于提高学生的学习兴趣和自主学习能力。

（四）教师角色的不同

在传统课堂中，教师的角色主要是知识的传授者。他们负责讲解知识点，解答学生的疑问，并评估学生的学习成果。

翻转课堂中，教师的角色转变为学习的引导者和促进者。他们需要设计有效的课前学习材料，组织和引导课堂讨论，以及提供个性化的学习支持。教师的角色更加注重激发学生的学习兴趣和培养学生的批判性思维能力。

六、翻转课堂的必要结构及功能解析

（一）简明扼要、高度集中的课外学习

翻转课堂的主要特征就是对课内外的时间进行调整，即将传统课堂中知识传授的主要内容，转移到了课堂外部，而新的实体课堂则着重对已学知识进行实践和巩固。有教师参与的实体课堂不再用于复述基础知识，成为师生之间、学生之间互动沟通的平台。翻转课堂教学模式具有一定特殊性，逐渐被国内教育学界认可，并应用于教育实践中。但实际上教育学界中部分工作者对翻转课堂教学模式的教学有效性持怀疑态度。许多专家学者认为，学生在知识吸收时存在惰性，为对抗惰性教育体系才选择由教师以面对面的形式去随时干预学生的学习状态。翻转课堂的创设者们自然而然也考虑到了这一问题。首先翻转课堂中课下教学多以短视频作为媒介，其特点就是时长较短、内容无比精练。因此，翻转课堂所强调的线上教学共有两点特征即“简明扼要”和“高度集中”。简明扼要指的是课外教学的内容必须是经过精心提炼后的核心知识，学生掌握这一核心知识后能够通过知识的填充，再去不断扩大知识经验。这能够有效避开学生对长时间学习的惰性，充分保障课下学习的有效性。高度集中指的是学生在课下学习时，为了完成学习任务必须在短时间内高度集中精神，这样才能具有提交学习数据的权限。这可以充分保障学生在脱离教师的前提下，仍然能够正常完成学习任务，并且效率明显高于一对多的传统课堂监管模式。

（二）充分自主、直指重心的课内教学

翻转课堂课内教学的主要目标，就是对课外学习的成果进行验证和巩固，令学生能够

在实践和纠错的过程中，不断加深对正确知识点的印象。虽然翻转课堂中的课下教学需要教师全程参与，但同样呼吁教师以辅导者的身份出现，强调学生的主动地位和自主行为。并且，课下教学的具体规划，如教学活动、纠错教学等步骤，也都需要直接对应学生在课外学习的内容和表现去设计和调整。也就是说，在翻转课堂模式下，无论是课内还是课外的学习内容都是一致的，不一致的是学习方式。即课外是为了扩充认知，课内是为了夯实认知。只有保证课内课外的学习内容高度一致，才能令学生迅速进入学习状态。因此，翻转课堂课内教学就需要突出“充分自主”“直指重心”这两个特征。充分自主指的是学生仍然需要自主参与学习活动。直指重心指的是学生所参与的课内学习内容，直接对应课外学习中的“核心知识”，既不偏离也不忽略。如此就可有效串联课内外学习，保证学生的思路不散，保障教育力度充分集中。

（三）个性化、针对性较强的复习巩固

翻转课堂教学模式的确存在一定的弊端，那就是学习过程基本是以学生自主为主，可学生的确很容易因为自控力不够或者是理解能力较差，而无法彻底有效地吸收知识。因此，翻转课堂模式在包含课内课外学习之外，还包含了复习巩固这一必要的过程。复习巩固阶段中，通过一定的方法对已学知识掌握程度进行检验，还能根据掌握情况重新进行复习，属于比较常见和通用的功能。而常用的检验方法是利用线上教学平台中的单元测验、线上考试、学情分析功能。具体的复习计划，可以由教师为学生进行个性规划，也可以由线上平台的 AI 分析功能给出有针对性的计划。其优势在于，能够利用系统性的统一标准，去精准定位每个学生的不同情况，再根据具体的情况去设定极具个性化的复习方案。这样可以最大化提高复习巩固的效率，令学生的课下反思确有实效。从整体角度考量，其实复习巩固的最大功能就是维护知识内化的质量，故而如果高职数学课程要应用翻转课堂，就必须重视复习巩固的维护性功能。

七、翻转课堂的布鲁姆教育目标分类法

布鲁姆教育目标分类法是一种有关教育目标达成的分类方法，将学习的目标掌握分为记忆、理解、应用、分析、综合、评价等六个等级①。其中对于知识的记忆，理解和应用是较低层次的目标，较简单，方便达成。学生学习的难点在于对所学内容的分析，综合和评价，属于高阶目标，较难达成。

（一）传统课堂中布鲁姆教育目标分类法

传统课堂中，布鲁姆教育目标分类法中较低层次的内容总在课堂上进行，在课上教师

① 乔纳森·伯格曼．翻转课堂与深度学习［M］．北京：中国青年出版社，2018.

会带领学生花很多时间去完成记忆和理解等难度较低的内容，对知识的应用也只停留在基础，而学生回家后完成的内容多是对所学内容的应用、分析、评价和再创造。久而久之，学生对数学的厌倦心理越来越严重，也产生了“课上一学就会，课下一写就废”的消极情绪，在作业上花的时间很多，但收效甚微。家长对学生的作业现状和学习现状也表示无奈、沮丧和担心，如图 3-1 所示。

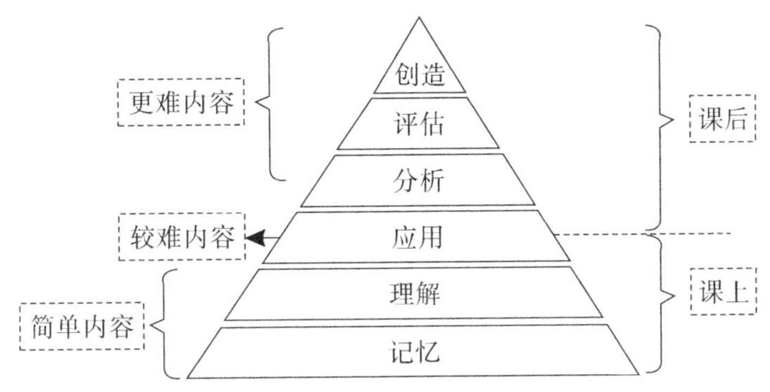

注：金字塔的每一层表示花在不同目标上的时间。

图 3-1 自下而上——传统课堂布鲁姆教育目标分类法

（二）翻转课堂布鲁姆教育目标分类法

翻转课堂的布鲁姆教育目标分类法旨在课上花较多的时间去完成更困难的内容，课后学生花较少的时间完成较为简单的学习。这种综合后的目标分类法指的是在课堂上教师可以给予学生帮助，教师可以帮助学生解决面临的困难，所以，课堂上可以将重心放在较难的内容上，在教师的帮助下学生可以更高效的完成内容，达到高阶目标。而不是课后花费大量的时间和精力去解决，如图 3-2 所示。

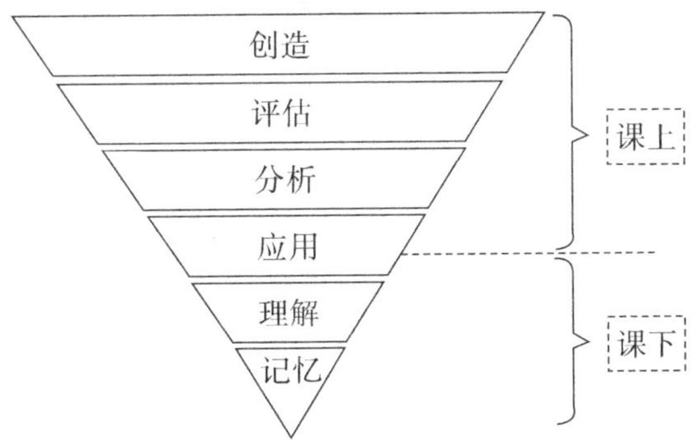

图 3-2 自上而下——翻转课堂布鲁姆教育目标分类法

（三）翻转学习和布鲁姆教育目标分类法

不论是传统课堂布鲁姆教育目标分类法还是翻转课堂布鲁姆教育目标分类法都有些偏

执。自下而上的分类法中教师学生花费了大量的时间在简单的东西上①，如对知识的记忆和理解。而在解决难的内容时教师不在场，解决难的内容和更难的内容时，学生孤立无援，花费了较多的时间，消耗了对数学的积极性，但是付出和收获不成正比。

自上而下的分类法中，通过图表可以看出学生在评估和创造上花了大量的时间。但是，高职生不应将重心放在评估和创造上，所以，综合两者出现了结合翻转课堂特点和布鲁姆教育目标分类法的另一种模式——菱形结构，如图 3-3 所示。

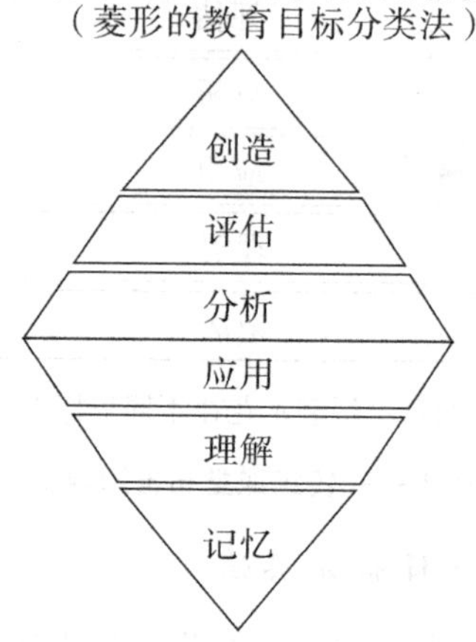

图 3-3　菱形教育目标分类法

菱形模型结构中，课上时间更多花在对知识的分析和应用上，教师资源得到合理的分配，学习的难度也得到了有效的控制。

第二节　翻转课堂在高职数学教学中的应用分析

一、翻转课堂在高职数学教学中应用的可行性

虽然翻转课堂在国内各阶层的教学实践中开展得如火如荼，但是对将其应用于高职数学教学的质疑一直存在，下面从高职数学课程、信息化教学条件、高职学生的特点、教师的信息化能力等四个方面来分析高职数学实施翻转课堂教学模式的可行性。

（一）高职数学课程

高职数学课程作为一门必修公共课程，所涉及的函数、指数、级数、数列、排列、组合、几何图形和坐标等内容知识点多、覆盖面广、逻辑性强，不仅有利于培养学生运用数

① 刘丝雨，王志鹏，郭小平．布鲁姆教育目标分类法下的 TBL+翻转课堂与经济法教学：以辽宁省某高校为例［J］．大学教育，2018（11）：13-17.

学思维分析问题和解决问题的能力，而且可为后续专业课的学习奠定基础。根据高职数学的课程性质和高职人才的培养目标，在高职数学课程中实施翻转课堂教学模式应该具有一定的实用性和必要性。因为，翻转课堂教学模式注重对学生自主探索能力、自主学习能力和创新能力的培养，与高职课程的特点及高职院校人才培养目标高度一致，可以通过与生活实践紧密相连的丰富的学习资源开阔学生视野，促进学生的全面发展。

（二）信息化教学条件

目前，高职院校在录播教室、多媒体教室、网络教学平台等方面的建设已逐渐完善；而且职教云、中国慕课、网易公开课、可汗学院、国家精品课程资源网等平台所提供的丰富的网络教学资源，也为翻转课堂的开展奠定了基础；另外高职院校全覆盖的网络系统，可以让学生借助手机、平板、电脑等网络终端随时随地进行学习，为学生的翻转学习创造了良好的网络技术条件。所有这些都为翻转课堂教学模式在高职数学课堂教学中的应用提供了良好的保障。

（三）高职学生的特点

目前，高职学生大多是伴随着互联网和计算机技术的发展而成长起来的，使用各类网络技术进行资料的检索、交流互动等都可谓得心应手，且具有浓厚的兴趣。另外，高职院校自一年级开始就开设了《计算机应用基础》等课程，让学生具备了一定水平的计算机操作能力，甚至已经在其他课程中借助各种网络学习平台开展教学实践，学生已经普遍具备一定的信息化能力，这为在数学课堂中实施翻转教学奠定了良好的基础。

（四）教师的信息化能力

随着信息技术和互联网技术的广泛普及，信息化能力不仅是教师教学活动开展的必备技能，也是适应信息化时代发展的必备能力。因此，通过多年来各类信息化技术培训、信息教学比赛等活动，目前高职教师已经基本能够运用信息化技术手段制作 PPT 课件、录制微课、开展网络教学。另外，教师在日常校园事务处理、班级管理和教学中也都会借助 QQ 群、微信群与学生进行互动交流，所具备的信息化能力足以保证翻转课堂的正常开展，为翻转课堂教学模式的应用奠定了基础。

二、翻转课堂在高职数学教学中应用的意义

翻转课堂的教学实践，从根本上改变了传统的教学思维，教师不再是课堂教学的主导者，而学生则成为课堂的主体。

（一）教师视角的应用意义

1. 利用信息技术改进教学效果，促进教师专业发展

翻转课堂的实施往往伴随着教育技术的使用，这些技术的应用使得教学方法更加多样

化。同时，翻转课堂需要教师提前制作好教学视频、设计学习任务和组织开展网络教学及进行课堂讨论，这需要教师具备一定的运用信息技术的能力和较高的专业素养及教学能力。

2. 优化课堂教学时间

优化课堂教学时间，可提高数学教学的实效性，促进个性化、差异化教学。在传统的教学模式中，大部分课堂时间都用于讲授新知识。而在翻转课堂，这一部分内容可通过学生在课前自学来完成，使得课堂时间更多地用于师生深入讨论和交流，避免传统课堂教学中存在的“听讲疲劳”等问题。

（二）学生视角的应用意义

1. 有利于培养数学核心素养

翻转课堂强调学生预习和自主探究，鼓励学生在学习新概念时提出问题，这有助于培养他们的批判性思维、问题解决能力、知识归纳总结能力、创新能力及推断能力，并逐渐形成自己的学习方法和思考方式。

2. 有利于自主学习及终身学习习惯的培养

翻转课堂鼓励学生课前通过观看教学视频或阅读材料来自主学习，有助于提高学生的自学能力和主动探究意识，养成自主学习及终身学习的习惯。

三、翻转课堂在高职数学教学中应用的特征

（一）知识传授的翻转

翻转课堂模式在高职数学教学的应用中，教师由以往知识的传授者，转变成了课堂教学的引导者和指导者，对学生的学习有很好的帮助和促进作用。在翻转课堂模式中，教师不再仅仅是知识的讲授者，学生也不再处于被动接受的位置，教师需要对学生的自主学习加以引导，并提供必要的帮助。在课前学生就对本堂课的知识内容有了一定了解，在教学课堂上学生只需要对所学习的知识内容进行进一步的巩固和提升，深化对本堂课知识的理解。

在传统的教学模式中，教师都是在与学生面对面的情况下展开知识的讲授，无论学生是否理解和掌握，受到课堂时间的限制，教师仅能完成一次讲授，课后会通过布置作业的方式，让学生进一步内化本课时的知识内容。而在翻转课堂模式中，课前教师便通过为学生提供视频和学习资料的方式完成了知识的传授，这样在教学课堂上学生便有充足的时间内化这些知识，对于课前学生理解不够透彻的知识内容，可以通过课上与其他同学的交流、讨论和教师的指导进一步将其内化。相对于传统教学模式来说，翻转课堂模式将整个教学过程颠覆，课堂教学中的诸多环境均发生了改变。

（二）课堂形式的翻转

翻转课堂模式在高职数学教学中的应用，转变了传统教学模式中的课堂形式，教师不再是课堂教学的中心，班级内教师向全体学生授课的流程也发生了转变。翻转课堂模式本质上也是学生高效自主学习的课堂模式，翻转课堂模式的应用，使得学生的自主学习与管理能力、思维能力与创造能力得到了很好的训练与发展。以信息技术为基础的翻转课堂模式的核心是学生，教师仅是高等数学教学的设计者，是学生学习的帮助者、指导者与学习伙伴。在翻转课堂模式中，教师与学生可以实现共同发展与进步。

（三）教师与学生之间角色的翻转

在以往的高职数学教学模式中，教师仅是知识内容的传播者，教学具有一定的标准性，学生对教师所教授知识内容的理解和掌握程度依赖学生的学习基础与智商。翻转课堂模式在高职数学教学中的应用，促使学生在课前就要了解自身在学习这部分知识时存在的不足，在教学课堂上教师不仅是知识的传播者，同时还是问题的解决者，这也使得高等数学教学课堂更具个性。除此之外，高等数学教师在应用翻转课堂模式开展教学活动的过程中，还会配合运用一些其他的教学手段，像 MOOC 等，以此使得教学活动更加生动有趣。从这个角度来看，在翻转课堂模式中，教师还是轻松、愉悦教学氛围的营造者。而学生在翻转课堂模式中则扮演参与者、合作者与创造者的角色。教师需要对各个教学环节进行优化，在激发学生求知欲望的同时，满足学生的个性化学习需求。这就需要教师树立起先进的教学理念，并掌握科学的教学手段，学生则需要不断地提高自身的自主学习能力，不能像以往一样过度依赖教师的教授，而是需要保持执着的信念，大胆、积极地展开探索。

（四）学习流程被重新构建

高职数学教师在应用翻转课堂模式开展教学活动时，需要注意的是翻转课堂模式中的教学流程较为特殊，其将教学主要划分成两个部分，第一，教师课前将课堂教学的安排告知学生，学生需要在课前利用教师上传到学习平台上的视频、学习资源等展开自主学习。第二，高职数学教师组织学生在教学课堂上一同完成课堂作业，因为翻转课堂模式中的课堂作业不再是由学生独立完成，而是在学生与学生之间以及教师与学生之间相互协作、交流和讨论中共同完成。由此可见，翻转课堂模式在高职数学教学的应用中，学生的学习流程被重新构建，学生对知识的学习需要在课前完成，课上大部分时间学生都是在通过各种方式内化知识点。

（五）教学信息更加清晰明确

在传统的教学模式中，教室是高职院校学生展开高等数学知识学习的重要场所，然而教室环境和教室内的人及物品也是导致一些学生注意力不够集中的主要因素。将翻转课堂应用于高等数学教学活动中时，学生只需要通过观看视频或者查阅资料便可以完成高等数学知识的学习。在课前学生进行自主学习的过程中，学生往往会将自己的注意力集中在视频中教师讲授的数学原理以及各种数学符号上，这也使得数学信息变得更加明确、清晰。

（六）教学视频既短小又精悍

高职数学教师在应用翻转课堂模式开展教学活动的过程中，学生通常都是借助教学视频完成高等数学知识的课前自主学习。从现阶段已有的高等数学教学视频的实际情况来看，大多数视频的时间都不超过 20 分钟，每个视频都是针对某一个具体的知识内容进行详细讲解，方便学生在短时间内注意力高度集中地完成高等数学知识的学习。并且，教学视频都具有回放和暂停的功能，学生可以根据自己的需求来把控学习节奏，更加高效地完成高等数学知识课前自主学习。教学视频既短小又精悍也是高职数学教学中应用翻转课堂模式所表现出的一个基本特征。

四、翻转课堂在高职数学教学中的设计原则

（一）任务导向性原则

高职学生从小接受教育的方式通常都以灌输式为主，因而许多学生容易产生对教师的依赖。且高职院校的学生通常存在数学基础不扎实的情况，这都会导致学生缺乏良好的自主学习习惯，而采用翻转课堂教学方式可以帮助学生提高自主学习水平。所以，在翻转课堂教学时，教师必须坚持任务导向性原则，设置明确的教学目标，完善教学内容，进行学生学习情况的详细调查和分析，从而合理地调整教案，使相关知识和资源内容能够更具丰富性和针对性。授课时教师可借助多媒体工具，展示电子教案，让学生能够以任务为导向，完成学习过程。学生应当由易到难、由浅入深地学习相关知识内容，从而达到教师的教育目的。坚持以任务导向性原则作为驱使，进行翻转课堂的教学，能够逐渐提高学生的自主探究能力、思维能力，使学生摆脱对教师的依赖。在学习新知识以及进行复习的过程中，学生也能够更加游刃有余。

（二）因材施教原则

同一个班级内的学生由于性格特征、兴趣爱好、知识理解程度、个人能力等存在较大的差异，所以最终学生的学习成绩和进步程度也会存在差别。在进行翻转课堂教学的过程中，教师应拥有辩证看待这种差异的能力，遵循因材施教的原则，合理地设计翻转课堂教学内容。教师可以制定多套教学方案，进行分层教学，使翻转课堂的教育过程更具针对性，能够满足不同层次学生的学习需求。

教师可以通过设计不同的教案，分发给相应层次的学生，使学生能够有针对性地掌握知识，进行复习，完成任务，提高技能水平。针对基础相对较差、学习成绩一般的学生，

教师可以设置一些基础巩固类的教案，提高学生的基础知识掌握程度；针对中等层次的学生，教师可以设置常规教案，使学生能够拥有独立答题的能力，逐渐提高自主学习水平；对于成绩相对较好的学生，教师可以设置拓展类型的教案，使得学生可以应用所学的知识解决实际问题，同时拥有更多的机会进行知识延伸。这种因材施教的教育原则可以真正发挥翻转课堂的作用，全面提高高职数学学科的教学水平。

（三）混合式教学原则

在教育信息化的背景之下，“互联网+数学”已成为教育的主流趋势，教师可以借助线上、线下的混合教学模式，提高翻转课堂应用的频率或使用的效率。线上教学时，教师提前发放电子课件，引导学生预习知识，使学生能够拥有更多的空间探究课上知识内容，了解重难点知识，提前对概念、定理等知识进行理解。同时，教师也可借助资源包，在课后帮助学生进行复习巩固，对知识内容进行梳理内化。在线下课堂进行知识讲解时，教师可以进一步检查学生的预习情况，了解学生的作业完成情况，根据学生的学情及时调整教学内容。这种混合式的教学原则在翻转课堂中的应用非常具备实用性，学生也能够在混合教学模式下感受到学习的乐趣，更好地理解知识、巩固知识。

五、翻转课堂在高职数学教学中应注意的问题

首先，在课前准备的环节中，向平台推送学习资源和学习任务时，不要将所有相关的数学学习资源都推给学生。课程资源的建设和推送要有针对性，依据高职专业自身的特点，要找一些充分考虑实用性和有效性、能激发学习兴趣、切实可以帮助学生进行自主学习、与专业相关的、与实际生活紧密联系的案例进行推送。教师要认真思考“教什么”，学生能够“学到什么”，这样才能真正实现翻转课堂的教学意义。

其次，微课制作的质量是翻转课堂成功的重要一环。在微课制作的过程中应尽量避免比较复杂的知识点都集中在一个视频中，这样会使学生产生厌烦心理，不利于学生自主学习。所以，教师应梳理好知识点，将知识碎片化，分解到多个小视频中，这样可以确保学生在自主学习微课时能够集中注意力，消化吸收每个碎片化的知识点，切实将多个知识点统一起来融会贯通，提高学习效率。同时，在微课制作过程中要时刻注意高职学生的数学基础和动手能力，要把所展现的问题尽量简单化、具体化，比如一些定理证明过程过于抽象，不易理解，可以用图示和或者动画的形式展示定理的实质，使问题更直观，更利于理解和学习。

最后，合理利用微课实现翻转课堂。由于高职学生的数学基础较弱，自主学习能力较差，对高等数学中大量推演的理论和计算，难以达到预期的自主学习效果，因此要合理选择翻转内容，对理论性、抽象性较强的内容，要侧重于选取传统教学模式，不要忽略传统

教学手段在数学教学中的作用，恰当地使用板书，带领学生同步思考，能增强教学效果。对容易理解的问题则侧重于选择翻转课堂的教学模式，激发学生学习兴趣，提高自主学习能力，这样才能使翻转课堂教学模式得以更好的实施，达到预期效果。

六、翻转课堂教学模式在高职数学教学中的实践

（一）翻转课堂教学设计

虽然高职院校良好的信息化教学环境及师生高超的信息化素养为高职数学实施翻转课堂教学模式奠定了良好的基础，但是教师在翻转课堂教学设计中也要避免过高预估学生自主学习能力和学习效率，让学生在过多的教学任务中“疲于奔命”。翻转课堂教学设计主要分为课前、课中和课后三个模块。其中课前模块主要包括各类教学资料的准备、学生自主学习与检测，以及针对学生在课前自主学习中所遇到的各类疑难问题进行的指导和互动交流。课中模块，则更多通过协作学习、成果汇报、教师评价等方式，有针对性地解决学生遇到的各类问题，明确学生学习的目标，提高学习效率。课后模块则涉及复习巩固和教师指导环节，借助网络教学平台和微信、QQ 等社交工具，让教师参与学生学习的全过程，帮助学生实现知识学习的内化和升华。

（二）课前知识传授

在课前环节，数学教师需要根据课程内容来确立教学目标，针对课程的重难点确立课前、课中和课后的学习任务，还要针对高职学生的具体情况和认知规律撰写教案，制作 PPT、微视频、能帮助学生理解相关数学概念的动画以及一些有针对性的测试练习，并上传到网络教学平台或者 QQ 群、微信群中，让学生可以充分利用课前的自由时间进行自主学习。另外，在学生自主学习阶段，家长也需要充分发挥重要作用，成为监督学习和课程教学的重要参与者。家长的参与不仅可以让教师对学生的数学学习兴趣、生活经验、个性特点等有更为全面和深刻的了解，而且可以让家长参与到翻转课堂的教学设计、课程资源开发的过程中来，形成家校合作的共同体。

课前自主学习是学生提高学习效率、掌握数学知识的关键环节，学生除了可以自主观看教学视频、搜索教学资料以外，还可以针对在学习中遇到的困难、疑问等通过 QQ 群、微信群、网络教学平台讨论区等渠道与教师进行讨论，进而促进其对数学概念、数学公式、解题方法的深度学习，实现知识的传递。同时，对学生在自主学习中存在的问题进行归纳、总结和分析，可以为教师调整教学方案、教学进度指明方向，还可为课堂教学的问题答疑和案例教学提供丰富的素材。

（三）课中知识内化

翻转课堂的课前环节实现了大部分的知识传递及相关知识点的讲解。数学教师可以充

分利用课堂时间有效组织学习活动，以导演和组织者的身份针对学生在课前环节所遇到的问题，以探究小组为单位，采取讨论、对话等形式解决问题，并针对每个学生、每个小组的作业情况，组织学生进行自评、互评，不断地开阔学生的数学思维，加深对数学知识的理解与掌握。比如，在“排列组合”的翻转课堂教学中，教师可在学生已通过自主学习掌握了排列组合基本概念和基本方法的基础上，结合学生在日常生活中的实践案例，通过创设情境、小组合作等形式开展游戏化的教学方式，让学生通过“掷色子”“选路线”“抓奖”“龙舟比赛”等充满趣味性、生活化的游戏，加深对排列组合知识的理解，从而在实现知识内化的同时，激发学生学习数学知识的兴趣，培养学生运用数学知识分析问题和解决问题的应用意识、应用能力。

另外，教师对学生的评价不应局限于成绩，要涉及课前、课中、课后的出勤率、作业情况、教学活动参与度、小组协作情况、成绩等各方面。教师应通过自评、小组互评和教师总评等多元化的评价方式，对学生的学习情况进行过程性评价和总结性评价。以激励性和鼓励性为主的多元化评价，不仅可以增强学生数学学习的兴趣和自信，而且能让教师获得教学反馈信息，为今后教学活动的开展指明方向。

（四）课后巩固复习

下课并不意味着数学学习的结束，而是数学知识由理论转变为实践的开始。课后巩固复习一方面能让学生在课前自主探索、课中知识内化之后，对数学知识的所学、所感进行提炼总结；另一方面通过小组协作的形式进行讨论、沟通与合作，尝试和探索运用所掌握的数学知识解决生活当中和专业学习中的实际问题，能提高学生对数学知识的运用能力，培养学生的创新思维、团队协作能力。比如，教师在教学“三角函数”后，可让学生在课后总结三角函数的概念、三角函数的特征及其在生活当中的实际运用方法，并且思考如何运用三角函数在园林景观设计中配置植物、规划设计花坛的形状等专业问题。

第四章　思维导图在高职数学教学中的应用

第一节　思维导图的内容

一、思维导图的内涵

思维导图是一种创新性的思维工具，它以图形化的方式将思维过程进行直观展示。在思维导图中，主题作为核心，犹如一棵大树的树干，稳稳地扎根于中心。而分支则如同树枝般从中心向外自然延伸，它们根据与主题的关联程度和逻辑层级进行排列，构建出一个层次分明的树状结构。每个分支上的关键词、概念或想法，都像是树叶，丰富而生动。它们紧密相连，形成一个完整而有序的思维网络。通过这样的呈现方式，思维导图不仅让复杂的思维过程变得清晰可见，而且更容易被理解和记忆。此外，思维导图还具有灵活性和可扩展性，能根据自己的需求随时添加或删除分支，调整关键词的位置和关系。这种动态性使得思维导图成了一个强大的思维助手，能够帮助我们更好地组织和管理自己的思维，提高思维效率和创造力。

二、思维导图的优势

思维导图作为一种强大的学习与思考工具，其优势在于它能够以直观、高效且富有创造性的方式，帮助个人和组织更好地整理信息、激发灵感、深化理解，并在复杂的问题解决过程中发挥关键作用。

（一）信息整理与结构化呈现

在信息爆炸的时代，我们每天都需要接收和处理大量的数据和信息。思维导图通过树状结构或网状结构，将零散的信息点组织成有逻辑、有层次的体系，使得复杂信息一目了然。这种可视化的呈现方式，不仅便于记忆和回顾，还能促进对信息间关系的深刻理解。学生可以利用思维导图梳理课本知识点，形成知识网络；教师则能借此整理教学计划、教学要点或学生评价反馈，确保工作有条不紊。

（二）激发创新思维与创造力

思维导图鼓励自由联想和发散思维，它允许用户在绘制过程中随时添加新的分支、节

点或连接，探索未知的可能性。这种无拘无束的创作过程，能够激发个体的创新思维和创造力，促进创意的涌现。艺术家可以用思维导图构思作品主题、布局和色彩搭配；科学家则能借助它梳理研究思路、发现新的假设或实验方案。在团队讨论中，思维导图更是激发集体智慧的利器，可以促进团队成员之间的思想碰撞和灵感交流。

（三）增强记忆与理解力

根据认知心理学的原理，人类大脑更容易记住有逻辑、有图像的信息。思维导图正是利用了这一点，通过关键词、图像、颜色等多种元素的综合运用，将抽象的概念、复杂的理论转化为生动直观的图像模型。这种学习方式不仅提高了记忆效率，还加深了对知识的理解和内化。学生利用思维导图记忆英语单词、历史事件或科学原理时，往往能取得事半功倍的效果；而学习者在准备考试或复习旧知识时，思维导图也是不可或缺的辅助工具。

（四）促进沟通与合作

思维导图作为一种通用的语言，能够跨越语言和文化的障碍，促进不同背景、不同领域的人们之间的有效沟通。在团队合作中，成员们可以通过共同绘制思维导图来明确项目目标、分配任务、梳理流程等，以确保团队内部的信息共享和工作协同。此外，思维导图还可以作为汇报和展示的工具，帮助团队成员清晰地传达自己的想法和成果，提高沟通效率。

（五）提升问题解决能力

面对复杂的问题和挑战时，思维导图能够帮助我们系统地分析问题、拆解任务、制定策略。通过逐步展开思维导图的各个分支和节点，我们可以逐渐深入到问题的本质，找到问题的症结所在，并有针对性地提出解决方案。同时，思维导图还能够帮助我们预见潜在的风险和障碍，提醒我们提前做好准备和应对措施。这种系统化的思考方式，有助于提升我们的决策能力和问题解决能力。

三、思维导图的要素

思维导图由中心图、分支、关键词、线条、色彩和图形及符号语言六个要素构成。由中心图分支出节点，节点分支出子节点，并由此发散，逐步构成一个图文并茂、颜色丰富的发散结构。

第一，中心图。中心图也称为中心主题，每个思维导图只有一个中心主题，中心主题必须放在焦点中心位置。

第二，分支。分支是思维导图中数量最多的线条，它是人脑不同角度的想法和观点，通过层级关系表示出来。其中，与中心图距离最近且最粗大的分支称为主分支，也叫作一级分支。一级分支再分出二级分支，以此类推。一般分支按照顺时针顺序进行排列。分支要连在一起，不能断开，不能垂直，长度大约为关键词的长度即可。

第三，关键词。关键词一般被称为大脑内部信息提取时的搜索引擎，是记忆的触发器，因此要求它有极强的概括性和总结性。关键词的选择一般以名词和动词为主，辅以必要的修饰词，有时为了更好理解，可以加上句子来进行说明。主要关键词离中心主题最近，次要关键词依重要程度逐层排序。关键词的书写顺序为从左到右，原则是一线一词，即一条线上只写一个关键词。

第四，线条。思维导图的线条类型主要包括连接线、关系线、常规线和轮廓线。其中，连接线是连接不同分支节点间的线条，它能使思维导图层次关系清晰明了；关系线是用来连接不同分支主题间的线条，它能使思维导图的子主题间建立联系。

第五，色彩。人对颜色的敏感度天生要高于文字，色彩选取越丰富，越能给人带来感官刺激，让人印象深刻。因此，在绘制思维导图时，为了区分层次，同一分支应尽量选用相同的颜色，不同分支用不同颜色的线条。

第六，图形及符号语言。数学图形及符号是数学学科独有的特点，是对数学知识点的高度概括，所以在思维导图的绘制中，我们要学会灵活地选取和运用数学图形及符号。

四、思维导图的工具与绘制

（一）思维导图的绘制工具

随着信息技术的发展和思维导图在课堂的普遍应用，越来越多的思维导图绘制软件问世，其中比较常见的有 Mindmanager、Mindmapper、MindVisualize、MindNode、Processon、百度脑图、Xmind 等，连 WPS 中也加入了脑图模块，功能越来越强大，操作也越来越简单易学。在课堂上，比较常见的是手绘思维导图，工具只需准备一张 A4 纸、一支铅笔、一盒马克笔、一块橡皮即可。这为思维导图教学的开展提供了极大的便利。

（二）思维导图的绘制步骤

放射性思维是人类大脑最自然的思考方式，它运用左右脑机能，借助阅读、思维及记忆规律，协助人们在科学与艺术、逻辑与想象之间平衡发展，从而开启人类大脑的无限潜能，思维导图的绘制是这一思考方式的再现。思维导图一般是以一个中央关键词或想法为中心，由此向外以辐射线发散各种关节点，每个关节点继续向外发散更多的关节点，每个关节点可以加入颜色以及不同的图形进行区分，呈现出放射性的立体结构。其绘制步骤如下：首先，选定思维导图的中央关键词并以此为中心；其次，凝练中央关键词相互隶属的主题作为节点；再次，将节点划分出层级，按照层级进行排序；最后，用辐射线将中心与节点串联起来。根据上述步骤简单绘制的思维导图示意图，如图 4-1 所示。

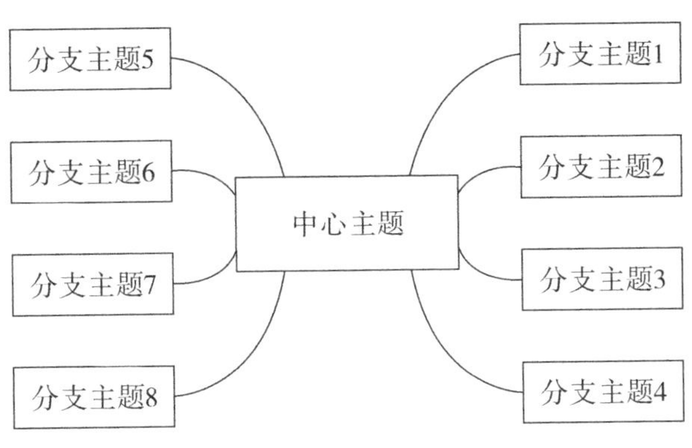

图 4-1 思维导图示意图

五、思维导图的类型

思维导图充分运用图文结合的形式帮助人们将知识转化成彩色的、容易记忆的图像，每个人的思维方式都是独一无二的，所以思维导图有多种表达方式。人们结合当下历史课程中运用思维导图的实际，在传统的思维导图的基础上对之加以调整，开发出不同类型的思维导图。主要有圆圈图、气泡图、双重气泡图、鱼骨图、流程图、括号图这六种常见的表现形式。

（一）圆圈图

圆圈图由两个圆圈构成，内侧圆圈代表核心主题，而外侧的圆圈则详细记录了与该主题相关的各种细节和特性。圆圈图可以定义以某一事件为主题，并对其进行深入的思考或细节描述。

（二）气泡图

气泡图是由大气泡和若干小气泡通过线条连接组成的，大气泡里放置中心词语，与之相连的小气泡中放置与中心词相关的词语，主要用于描述某一事物的性质或特征，连接气泡的线可以用来表明大气泡和小气泡之间的关系。高职数学教学中，气泡图适用于针对特定问题进行发散联想，也可以用于从多个视角分析某一数学问题，有利于学生从多角度分析问题。

（三）双重气泡图

双重气泡图与气泡图相比，有两个中心词，两个中心词之间的部分可以放置其共同点，两侧的气泡中则分别放置其不同点。有助于学习者通过比较、对比，找出两者之间的异同之处。

（四）鱼骨图

鱼骨图由“鱼头”（问题）和“鱼骨”（产生问题的原因）组成。鱼骨图可以帮助人们系统地分析问题、找到问题的根源，并提出相应的解决方案。在高职数学教学中应用鱼骨图可以帮助学生对繁杂的问题进行分析总结。

（五）流程图

流程图上的箭头代表了各个主要环节之间的顺序关系，而各个主要环节都有相应的子环节，这些子环节是主要环节的细化。它的主要功能是描述事物间的因果联系，通常是根据事件发生的时间顺序来绘制的。

（六）括号图

括号图由关键词和大括号组成，一般中心词在左侧，分支在右侧，由大括号连接，分支出来的部分还可以作为下一级的中心词继续拆分。在高职数学教学中，它适用于针对某一知识进行归纳总结，这也是在教学中比较常用到的思维导图，多作为总结性的板书来使用。

六、思维导图的特点

思维导图是一种创新性的思维工具，在各个领域被广泛运用，被称为“大脑的瑞士军刀”。[①] 运用在高职数学教学中主要有以下特征。

（一）思维导图具有直观性

它的结构类似人类大脑神经元分布，是一种可视化的网络图示。思维导图实现了抽象思维的具象化，是思想的形象化和可视化表达。思维导图就好比是一张城市图，它的中心就好比是这座城市的心脏，代表着绘图者的主要想法；从市中心向外延伸的主要街道代表了制图者的基本思路；第二等级的路或者支路表示编制者在更低的等级上的想法。特殊的图像或形状能代表制图者特别感兴趣的事物或思想。[②]

思维导图的表现形式就如同蜘蛛网的形状一样让思维广泛发散，借助线条、颜色以及符号将其体现到纸上或者绘图软件上，使人能清晰明了地将自己的想法展现出来。最后还能随着思维的不断深入将想法整体联系起来，引发深刻思考，构建个人的知识体系，并通过与他人的互动交流，进一步进行自我反思，以便不断地优化和完善自己的知识体系。体现在高职数学教学中，思维导图可以使教材上的文字类型的知识呈现方式变得更加直观，使学生可以很好地掌握重点知识以及知识和知识之间的联系。

（二）思维导图具有发散性

思维导图的分散点既相互关联又保持相对的独立性，尽管发散思维的范围可能扩大，

---

① 东尼・博赞、巴利・博赞．二思维导图［M］．卜煌婷，译．北京：化学工业出版社，2019.

② 王燕．Mind Manager 思维导图在教学中的应用［J］．中国教育技术装备，2007（3）：67-70.

但发散的核心始终保持不变。可以表现在问题创新上、对解决问题的头脑风暴上，能够起到非常重要的联系和依托作用；也可以在一个旧的支点上派生新的想法，新的想法又跟过去的想法相联系，产生无穷无尽的关联。体现在高职数学教学中，教师可以拟定一个主题，让学生充分发挥想象力去绘制思维导图，不用特定一个思维角度，只需要学生动脑进行思维发散，就可以把关于这一主题的历史知识脉络清晰地展现出来。

（三）思维导图具有启发性

启发性主要体现在其结构和功能上，思维导图以主题词为核心，通过层级和分支的形式展示与主题相关的各种信息和概念。这种结构能够从一个中心点出发，系统地探索和发现与主题相关的各种知识。在构建思维导图的过程中，人们需要不断思考、分析和整理信息，通过逐层深入，可以挖掘出与主题相关的更深层次的信息和概念。在高职数学教学中，学生可以发挥自己的想象力和创造力，从不同角度和层面绘制思维导图来解读数学史事件和人物，这样能够激发学生的学习兴趣和好奇心，培养他们的逻辑思维和分析能力，提升记忆效率，并促进创新思维和批判性思维的发展。

（四）思维导图具有独特性

思维导图不是千篇一律的模板，每个人对思维导图都有不同的理解与输出。思维导图的独特性体现在人的个体差异性上，“任何教学活动的实施都需考虑个体的差异性”[①]。思维导图的呈现方式是因人而异的，由于个人经历、学习背景、思考角度的不同，所制作思维导图的过程也会不尽相同，所以即使以同一个主题创作出来的思维导图，也会极具个人特色。体现在高职数学教学中，教师鼓励学生根据个性化差异绘制不同形式的数学思维导图，每个学生都有自己独特的思维方式和表达方式，通过绘制个性化的思维导图，他们可以更好地展现自己对数学知识的理解和想象。绘制有新意的思维导图还能够提升学生学习的兴趣和动力。当学生发现自己的思维导图得到了老师的认可和赞赏时，他们会感到更加自信和满足，进而更加积极地投入到学习中去。

第二节　思维导图在高职数学教学中的应用分析

一、思维导图在高职数学教学中应用的可行性

在高职数学教学中，思维导图的可行性可以从以下几个方面进行详细探讨。

第一，知识结构的系统化梳理。高职数学课程内容广泛，知识点之间存在复杂的逻辑

① 刘黎明．教育哲学［M］．开封：河南大学出版社，2021.

关系。思维导图能够帮助教师和学生将这些知识点系统化地梳理出来，形成清晰的知识框架。通过中心主题向外辐射的分支结构，学生可以直观地看到各个知识点之间的联系，从而更好地理解和记忆数学概念、定理和公式。

第二，学习兴趣的激发与维持。传统的数学教学往往依赖文字和公式，容易让学生感到枯燥。思维导图以其图形化和色彩丰富的特点，能够吸引学生的注意力，激发他们的学习兴趣。通过视觉化的方式呈现数学知识，学生可以在视觉和思维上得到双重刺激，从而提高学习的主动性和积极性。

第三，思维能力的培养。思维导图的制作过程本身就是一种思维训练。学生在制作思维导图的过程中，需要对知识进行归纳、总结和创新，这有助于培养学生的逻辑思维能力和创造性思维能力。通过不断地练习，学生可以学会如何将复杂的问题简单化，如何从多个角度思考问题，这对于数学学习尤为重要。

第四，复习效率的提高。在复习阶段，学生可以通过查看和修改自己的思维导图，快速回顾和巩固知识点。思维导图的层次结构和关联性特点，使得学生能够更加高效地进行复习，节省时间，提高效率。此外，思维导图还可以帮助学生发现知识点的遗漏或理解上的偏差，及时进行纠正。

第五，教学互动的增强。教师可以利用思维导图进行课堂互动，通过提问、讨论等方式，引导学生参与到思维导图的构建中来。这种互动式的教学方式能够提高学生的参与度，增强教学效果。同时，教师通过观察学生的思维导图，可以了解学生的学习进度和理解程度，及时调整教学策略。

第六，个性化学习的支持。每个学生的学习习惯和思维方式都有所不同，思维导图的灵活性使得学生可以根据自己的需要来定制学习路径，针对自己的薄弱环节制作专门的思维导图，实现个性化学习。此外，思维导图还可以帮助学生记录自己的思考过程和学习心得，形成个性化的学习档案。

第七，跨学科学习的促进。数学作为一门基础学科，与其他学科有着密切的联系。思维导图可以帮助学生将数学知识与其他学科知识进行整合，促进跨学科学习，提高综合应用能力。例如，在解决实际问题时，学生可以将数学模型与物理、工程等领域的知识结合起来，通过思维导图进行综合分析和解决。

第八，技术支持的可行性。随着信息技术的发展，思维导图软件和在线工具为高职数学教学提供了便利。教师和学生可以利用这些工具快速制作和分享思维导图，实现资源的共享和协作学习。技术的支持使得思维导图的应用更加高效和便捷，进一步增强了其在高职数学教学中的可行性。

第九，教师专业发展的推动。思维导图的应用不仅对学生有益，而且对教师的专业发

展有积极影响。教师在运用思维导图进行教学设计的过程中，需要不断更新自己的知识结构，提高教学技能。此外，教师之间的交流和分享也可以通过思维导图来进行，促进教师团队的专业成长。

第十，持续改进的可能性。思维导图的应用是一个持续改进的过程。教师和学生可以根据教学效果和学习反馈，不断调整和优化思维导图的内容和结构。通过持续的实践和反思，思维导图的应用可以逐渐成熟，更好地服务于高职数学教学。

二、思维导图在高职数学教学中应用的价值

在当今数字化、信息化的教育环境中，思维导图作为一种直观、高效的学习工具，正逐渐在高职数学教学中发挥着越来越重要的作用。其应用不仅有助于优化教学过程，提高教学质量，还能促进学生全面发展，培养他们的逻辑思维能力和创新素养。

首先，思维导图能够直观呈现数学知识结构。高职数学内容繁杂，知识点众多，学生往往难以形成清晰的知识脉络。而思维导图通过节点、连线等方式，将知识点之间的联系以图形化的形式展现出来，使得知识结构一目了然。这有助于学生更好地理解和记忆知识，形成系统的数学知识体系。

其次，思维导图有助于培养学生的系统性思维。在绘制思维导图的过程中，学生需要分析知识点之间的逻辑关系，将它们按照一定的顺序和层次进行排列。这种过程锻炼了学生的逻辑思维能力，使他们能够更好地把握知识的整体性和关联性。同时，思维导图还可以帮助学生发现知识之间的潜在联系，激发他们的创新思维和想象力。

再次，思维导图能够激发学生的学习兴趣和积极性。传统的高职数学教学往往注重知识的灌输和应试技巧的传授，忽略了学生的学习兴趣和情感体验。而思维导图作为一种新颖、有趣的学习工具，能够吸引学生的注意力，激发他们的学习热情。通过绘制思维导图，学生可以更深入地参与到数学学习中来，主动探索知识的奥秘，体验学习的乐趣。此外，思维导图还有助于提升高职数学教学的互动性和合作性。教师可以利用思维导图引导学生进行小组讨论和合作学习，让学生在互动中交流思想、碰撞观点、共同进步。这种教学方式不仅能够培养学生的团队合作精神和沟通能力，还能够提高课堂教学的活跃度和效率。

最后，思维导图在高职数学教学中的应用还能够提升教学评价的准确性和客观性。通过学生的思维导图作品，教师可以更直观地了解学生对知识的掌握程度和思维发展水平，从而更准确地评估学生的学习效果。同时，思维导图还可以作为学生学习过程的记录和反思工具，帮助他们更好地总结学习经验，提升自主学习能力。

三、思维导图在高职数学教学中应用的特征

思维导图在高职数学教学中应用的特征可以从以下几个方面进行详细探讨。

第一，视觉化教学。思维导图以其图形化的表现形式，将抽象的数学概念和逻辑关系转化为直观的视觉信息。这种视觉化的教学特征有助于学生快速捕捉和理解数学知识的核心要点。通过色彩、符号和图形的运用，思维导图能够吸引学生的注意力，增强记忆效果，提高学习效率。

第二，层次化组织。数学知识具有明显的层次结构，思维导图通过中心主题向外辐射的分支形式，将知识点按照逻辑层次进行组织。这种层次化的组织特征使得学生能够清晰地看到各个知识点之间的联系和区别，有助于构建系统的知识框架，促进深度理解和长期记忆。

第三，关联性思维。思维导图强调知识点之间的关联性，通过线条、箭头等符号将相关联的知识点连接起来。这种关联性思维的特征有助于学生发现数学知识之间的内在联系，培养学生的综合分析能力和问题解决能力。在解决复杂数学问题时，学生可以利用思维导图进行多角度、多层次的思考。

第四，动态化学习。思维导图的制作和使用是一个动态的过程，学生可以在学习过程中不断添加、修改和完善思维导图。这种动态化学习的特征使得学生能够根据学习进度和理解程度灵活调整学习策略，实现知识的动态构建和更新。同时，动态化的思维导图也有助于教师及时了解学生的学习状态，进行有针对性的指导。

第五，个性化表达。每个学生的思维方式和学习习惯都有所不同，思维导图提供了一个个性化表达的平台。学生可以根据自己的理解制作独特的思维导图，这种个性化表达的特征有助于学生发挥创造性，形成个性化的学习路径。教师也可以通过学生的思维导图了解其思维特点，提供个性化的教学支持。

第六，协作学习的特征。思维导图支持多人协作制作，学生可以分组合作，共同完成一个思维导图的制作。这种协作学习的特征有助于培养学生的团队合作能力和沟通能力。在协作过程中，学生可以相互讨论、交流想法，共同解决问题，提高学习效率。

四、思维导图在课堂运用中设计的原则

高职数学包含的内容众多，课堂时间短暂，因此，传统教学总是难以在学校规定的课时内完成学生所需求的教学任务，而思维导图的运用可以有效地解决这一问题。思维导图通过建立知识框架提高教学效率，从而整体提高了课堂的效率与质量。在数学课堂中运用思维导图的原则主要有以下两点。

第一，帮助学生系统化地进行知识整理。高职学生的学习习惯不是很好，即使学会知识，也难以在脑海中建立起系统化的知识结构。而思维导图则是对知识与思维的整理，可以帮助学生在学习过程中对所学知识进行整理，从而提高学习的质量。教师授课时，运用思维导图，会使教学更具有条理性，提高课堂质量。

第二，知识的对比与迁移。在学习过程中，除了学会知识，还要学会运用，将所学的数学知识运用到专业知识中，因此就需要高职学生具有一定的知识学习能力和知识应用能力，而思维导图教学方式，可以更好地展示出各类知识之间所具有的联系和区别，从而在进行知识迁移时，能更加轻松，甚至在一定的知识储备基础上，可以达到优化思维发散的效果。

五、思维导图在高职数学教学中的应用

（一）思维导图在高职数学教师教学中的应用

1. 思维导图应用于备课

善用思维导图能够帮助学生对知识进行整理、整合，增强学习效果。把它应用于高职数学课堂的课前预习中，能够让学生在课堂上更好地理解所学，学以致用。在备课阶段，教师可以根据思维导图来进行教学思路设计，将每一个知识点之间的关联性进行梳理，通过构建思维导图帮助学生更好地理解相应知识，教师也能根据知识讲授过程和顺序来按部就班地进行授课。与此同时，教师在课前绘制思维导图的过程中也会加深自身对知识点的理解，能够更好地掌握课程内容，从而提升授课的流畅性和增强效果，达到预期教学目的。

以“导数的概念”这一教学单元为例。首先，教师在教授过程中需要解决如何计算瞬时速度、切线斜率等问题。在解决这些问题的过程中，学生会发现两者计算具有某些共同特征，这些特征恰好是引出导数概念的关键。其次，教师需要详细阐述导数的概念，并通过实际应用中的变化率问题来加深学生对导数概念的理解。最后，教师会总结本节课内容，并提出一些问题，引导学生进一步思考，为下一节课的学习做好铺垫。通过思维导图，学生可以清晰地把握本节课的重点，理解各知识点之间的联系和过渡。再以“定积分的应用”中的“平面图形的面积”这一课程为例，教师可以采用单元整体教学的模式，利用思维导图展示本单元的所有知识点和内容。这样学生就能更清楚地了解教学目标和重点，从而更有针对性地学习。在此过程中，教师可以采用半开放式的思维导图模式，与学生共同进行有趣的课程导入。通过这种形式，学生能在教师的引导下，逐步完善自己的知识体系，填补知识空白。这样的思维导图不仅能成为教师教学的有力工具，还能成为激发学生思维的有效方式，师生共同努力，有效地提高数学课堂的教学效率。

2. 思维导图应用于讲解

当前阶段的高职数学课本中，概念性内容大幅增加，而计算方面的篇幅则相对减少，这导致一些学生在学习时常常感到理解困难。为了帮助学生更好地掌握这些数学概念，教师可以结合思维导图，以数学定理和概念为核心，深入探讨概念的成立原理和必要条件，从而使学生能更深刻地记忆知识点，提高学习效率。同时，通过分析定理条件之间的关联，学生能够更加清晰地理解高职数学中的概念。在课堂上，教师可以结合定理、条件和结论的讲解，同步绘制思维导图，帮助学生更好地理解和掌握知识。通过这种方式，学生可以更清晰地掌握知识之间的联系、结构和概念，形成系统的知识体系。此外，教师还可以引导学生自主绘制思维导图，要求与自身思维相符，以便更深入地理解所学内容。例如，在归纳线性代数中线性方程组的知识点时，教师可以引导学生以求解线性方程组为主线，围绕这一主线来绘制思维导图。这样学生不仅能够理解线性代数课程的整体脉络，还能更清晰地掌握学习数学的思维方法，加深对数学要点和难点的理解，并增强知识记忆。

3. 思维导图应用于解题

通过使用思维导图，学生能够更高效地理解和解答数学问题。在解题过程中，首先需要明确题目的主要信息和已知条件；其次分析解题思路，并依据这些信息结合相关定义和概念，构建出完整的思维导图。这可以帮助学生培养独立思考和解决问题的能力，还能确保他们掌握解题的完整流程，避免在解题过程中出现模糊或遗漏的情况。此外，将思维导图应用于高职数学的解题环节，有助于学生将复杂问题简单化，并找到合理的解决方案。它不仅能够提升学生的发散思维能力，还有助于学生更好地理解和掌握知识点，并学会灵活运用。通过这种方式，学生的思考能力和创新能力也能得到显著提升。

思维导图作为“教”的手段与“学”的策略，可以有效地实现教学相长，切实增强高职数学教师的综合教学能力及学生的数学核心素养。因此，高职数学教师在运用思维导图进行教学的过程中应充分凸显其优势并发挥其价值，不仅要选择合理的思维导图最大限度地优化教学，还要指导学生借助思维导图整理、分析、归纳知识点，提升自主学习能力，共同提高教学质量，使思维导图真正融入并作用于“教”与“学”之中。高职数学教师在开展数学教学时，延用多年的传统教学措施仍然会使学生出现不少问题，灵活应用思维导图参与教学设计，则可以很好解决常规教学的不足之处。例如，复习阶段是指教师引导学生去归纳、总结、梳理、巩固和运用所学的知识点，并分析出知识之间的横纵向关系，之后构成一个网络结构，便于他们能对该课程保持全面的认知和充分的理解，进而促进学生综合能力提升的阶段。在学期末尾，指导学生有效复习和掌握新旧知识就是教学的重要环节。通过思维导图，也就可以清晰地呈现各章节的知识点、重点、难点及其关联性，便于学生记忆。此外，思维导图不仅能指导备课、教学和复习，还能帮助教师在课堂

教学中明确知识重点、难点，从而高效完成教学任务。在设计思维导图时，教师需要考虑符号的合理性，确保学习思路的清晰性和易理解性，进而提高学生学习效率，达成教学目标。

（二）思维导图于高职学生学习的应用

1. 思维导图在预习中的应用

高职数学课程学时少但内容多，课堂教学任务重，适当进行课前预习有助于提高课堂学习质量。学生根据预习知识绘制简洁的思维导图，并在上面做好诸如“已明白√”“有疑虑?”等的相关标记，可以促使大脑快速进入思考状态，在较短的时间内完成预习任务。

2. 思维导图应用于复习

高职学生的学习能力本就不强，对复习也不重视，导致高职学生很难正确地进行复习，常常出现复习混乱的现象。针对这一教学现状，需要教师正确地引导与指正，在进入复习阶段时，教师将需要进行复习的知识进行整理归纳，形成完整的知识结构，并且把其中需要突出的重点与难点运用特殊符号进行标注，从而降低了复习的难度和混乱，提高了复习的质量与效率。

例如，在进行数列知识整章节复习时，教师可首先指导学生自己回忆，做一份思维导图，将所学的知识进行整理，接着教师可通过微信、QQ 等信息工具，将自己所做的更完善的思维导图分享给学生，学生再根据教师所给的进行自我比对、修改、整理，从而加深印象，强化对所学知识的复习与巩固，使知识在脑海中形成更加缜密的结构，提高了复习质量。

3. 思维导图在小组协作中的应用

在小组合作学习过程应用思维导图，能够很好地发挥个体、群体积极性，提高组员的学习动力及学习能力。过程可分如下几步：首先，按照“组内异质、组间同质”的原则将学生分组（一般六人一组），每组选择一名组长；其次，让每个组员根据个人知识水平与学习能力独立绘制思维导图；再次，在组长组织下讨论选出最优作品并进行修改完善；最后，进行组内分享。

4. 思维导图在求解问题中的应用

“学数学不解题，如入宝山而空返。”思维导图的本质是一种思维工具，能够帮助应用者在分析问题和解决问题的过程中更好地厘清思路。基于良好的基础知识，学生可以根据头脑中原有的“知识网络”形成解题思路，构建解题过程，直至解决问题。在绘制求解问题的思维导图时应注意：思维导图的绘制不是为了说明每一步应该怎样做，而是为了说明每一步为什么这么做，即思维导图不是解题过程的展示，而是思考和分析过程的展现。

第五章　高职数学教学改革探讨

第一节　高职数学教学改革的内容

一、高职数学教学改革的具体方法

（一）“变”观念，“改”方法

1. 转变教学观念

高职数学课程作为基础性、工具性学科，具有抽象性、逻辑性和严谨性；素质教育具有全面性、全体性、发展性等特点，指的是要求每一个学生均能得到全方位发展。因此，数学教师必须转变应试教育理念，树立素质教育观，使实际教学符合新时代素质教育要求，认识到传授数学概念、公式以及数学思想方法固然重要，但更重要的是要借助课堂培养学生群体的创新意识和实践能力。同时，还要提高自身的专业能力和育人水平，通过深入研读《数学分析八讲》《古今数学思想》等数学书籍以及教育学和心理学方面书籍，进一步拓宽高等数学教学的高度与深度，夯实自身专业基础的同时提高育人能力，从而实现从数学教学到素质教育的跨越。对于高职院校而言，应明确数学教师培训目标，即通过理论学习、榜样示范等形式提高教师的师德修养。通过讲座、研讨、实训等形式，弥补数学学科本体性知识缺陷。高职院校可借助脱产集中培训，通过邀请教学名师、专家学者、数学教学骨干进校开展专题讲座，来加强对广大教师的理论引领或者经常性组织教师开展教学研究活动，鼓励教师探究素质教育与高等数学课程间的关系，领悟素质教育的时代内涵和内生价值，把握数学教育的真谛，以便推动素质教育于无形之中开展。

2. 改变教学方法

灵活多元的教学方法，是构建数学高效课堂的关键所在。而学生是否能理解、掌握好知识，与教师所选的教学方法、手段息息相关。高职数学教学要从应试教育转向素质教育势必要加强教学方法的改革与创新，需要以应用、实用、够用为目的，遵循“精选材”“精讲题”的基本行动准绳，以“理论+实践”为主线稳步开展数学素质教育。比如，高职数学课程较为枯燥乏味，部分学生认为高职数学知识点零碎且内容繁多，而实际上高职数学具有很强的系统性，知识与知识点之间联系密切。数学教师可借助衔接对比法开展教学，即将两个相似的知识点进行衔接对比，用旧知识作为“引子”来引出新知识。以讲授定积分为例，教师引导学生将定积分与不定积分进行比较，引导学生发现两者之间的异同之处，以理解透彻两个不同的概念，使他们能够不断完善自身的数学知识体系。高等数学课程较为抽象，教师借助多媒体技术将抽象的知识点以“声”“图”“画”的形式进行教授，创设直观形象的教学场景。以讲授数列的无限变化过程为例，通过利用微视频演示的形式，让学生对数列的变化进行认知，让学生对抽象的概念有更直观的了解。需要注意的是，高等数学教学并非单纯让学生记忆公式、概念，而是引导其学习数学思想和数学方法，从而更好地提高学生的抽象思维能力和综合素质。

3. 因材施教，优化教学内容和目标

高职学生专业基础较差，部分学生对数学存在抵触心理。首先，高职数学教师的首要任务是在教学目标中融入素质教育内容，在教学时应遵循循序渐进、由浅入深的原则，先帮助学生克服心理门槛，随后再逐步增加教学难度。举例来说，教师需要详细讲解第一章节内容（函数、极限及连续）的定义域、值域等，先带领学生学习相对简单的函数知识，提高其学习自信，然后再讲授微积分相关内容。当然，针对一些基础差的学生，教师所选择的授课内容要简单明了，多借助图像及实例将抽象难理解的知识变得通俗易懂。其次，高职数学教师应合理选择授课内容，保证内容贴近生活、贴近实际并突出实效性，并在此基础上开展素质教育。如在讲授函数时融入高铁的路程函数、圆周率的故事，培养学生的家国情怀；在讲授函数的微分时融入“失之毫厘，谬以千里”的道理，以提高学生的个人修养。最后，数学教师应该加强与其他专业教师的互动交流，了解不同专业的需求，结合专业特点、诉求来选择授课内容，有的放矢地开展数学教育。这样，既可以帮助学生掌握好数学知识，又能提高他们的专业能力。

（二）“挖”内涵，“强”素质

1. 加强素质教育与教材的融合

教材是教师教学的重要依据，同样也是学生学习的基础。高职数学教师需要加强素质教育与教材的有机结合，如在实际教学中穿插优秀数学家榜样事迹，借助数学家的优秀品质和辉煌成就鼓励学生积极参与到数学学习之中，并利用数学家身上的科学精神坚定学生的理想信念。在开学第一课，数学教师可讲授数学名家故事，如 1902 年苏步青生于浙江省的一个山村里，在初三时，一位留学归来的杨老师旁征博引地讲授了数学的教学作用，给苏步青未来的发展积蓄了力量，此次留下了“读书不忘救国，救国不忘读书”的座右铭，让学生能够不忘初心、牵挂祖国。在讲授函数概念时，要结合教材内容从数学家故事、概念形成等方面开展素质教育，可借助数学家康托尔的人生历程进行素质教育，让学生在面对坎坷时能做到不放弃。

2. 推进数学史教育

数学学科应用广泛、历史悠久，蕴含着丰富的文化和人文情怀，通过加强数学史教育扎实推进数学文化建设，有助于加强学生的文化自信。但是，部分高职院校并不重视数学史教育，数学史教育的长期缺位，容易导致学生对我国古代数学文化产生偏见，甚至产生怀疑。因此，高职教学应厘清数学史与素质教育的关系，利用古代数学家的成就，以及其探索真理、科学务实的精神开展德育教育。

3. 实现传统数学文化的创新发展

弘扬我国古代数学文化不能生搬硬套，而是要紧跟时代潮流，做到取精弃粕、推陈出新，实现数学文化的创新性讲授。首先，高职数学教师应根据学生的具体情况、发展特点，有针对性地渗透数学文化，调动学生学习的积极主动性。如在财经专业数学课堂中，可讲授“华尔街革命”，阐明数学工具的重大用处。其次，数学教师根据教材内容适当融入中西方数学文化史，介绍中西方文化发展历程，可进一步提高学生的文化素养。如在讲授微积分时可引入这一知识点的诞生、发展的过程，加强学生对微积分本质的了解和认知。再次，教师可科学融入思辨数学思想，如高数中的“有限与无限”“有理数与无理数”“微分与积分”等均体现了辩证唯物主义思想，是培养学生思辨意识的重要资源。最后，教师应适当融入建模思想，凸显数学的应用价值，让学生清楚学习数学知识并非纸上谈兵。如牛顿力学中的公式 $F=ma$、$S=vt$，生物上 DNA 模型，电学中的麦克斯韦方程等均是数学模型，数学模型在经济、生态等各个方面均可广泛使用。高职院校可动员全校学生开展数学建模竞赛活动，在实践活动中引导其学习新概念、新思想，锻炼他们的洞察能力、反应能力，从而启迪学生的创新意识，提高创新能力。

二、高职数学教学改革的重要性

（一）有助于培养学生的综合素养

新时代对高等职业教育提出了更为严苛的要求，要求在培育具有扎实专业素养的高素质技能型人才时，既要重视高职生实际能力和实践技能的培养，又要关注其应用能力以及创新能力的养成。高等数学作为职业教育的基础性课程，具有实用功能、思维功能、美育功能以及德育功能，暗含着深刻的哲学内涵，在开展素质教育上有着得天独厚的优势。以德育功能为例，高等数学基本概念中暗含着许多辩证思想，如“有限与无限”“连续与间断”，教师通过深挖数学概念的实质施以辩证唯物主义教育，有助于培养学生的辩证思想、逻辑思维。数学拥有简洁之美、对称之美、和谐之美，蕴含着美学思想，有助于高职生从理性的审美视角下认识世界。

（二）有助于提高数学教学质量

高等数学教学既要传授基本的数学知识和方法，又要传播数学的思想和精神。在实际教学中加强素质教育，不仅是对数学教学的有益补充，而且是对学生综合素质的引导，数学教师可创造性地融入数学史、数学家事迹、数学相关哲学悖论等内容，使高等数学课程更具趣味性和生动性，让学生在数学历史文化的熏陶洗礼下，不断提升自身的素质能力。高等数学教学内容中不乏与一些伟大的数学家有联系，教师可借助课堂教学这一主渠道向学生分享牛顿、阿基米德、祖冲之等数学名家的奋斗故事，在无形之中培养高职生的求实精神、奉献精神以及创新精神，助力提高数学教学质量。

（三）建模思想在高职数学教学中进行应用的策略

1. 教材编写：关注个人发展

在高职数学教学中，教材编写是至关重要的一环。如何将个人发展与数学教学紧密结合，是教材编写的核心目标。通过精选案例和巧设问题，可以更好地锻炼学生的思维能力，激发他们的学习兴趣和主动性。同时，覆盖各个专业的案例也可以帮助学生更好地理解和应用数学知识，提高其解决实际问题的能力。

（1）精选案例，覆盖各个专业

在教材中引入精选案例，让其覆盖高职院校的各个专业，对建模思想在高职数学教学中的应用具有重要意义。通过选择具有代表性和实用性的案例，可以帮助学生更好地理解和应用数学知识，提高其解决实际问题的能力。同时，这些案例还可以成为学生建模思想的启蒙，帮助他们学会如何将实际问题转化为数学模型，并运用数学方法进行求解。比如，在集合与逻辑用语相关内容的教材中，可以引入以下案例：集合案例，选择一些与集合相关的实际问题，如“如何确定一本书是否属于一个书架上的书集合”“如何根据学生的身高和性别属性来建立一个集合”等。学生通过这些案例，可以进一步理解集合的概念和运算规则，同时也可以更快地掌握如何将实际问题转化为集合论模型的方法。逻辑用语相关案例，可以选择一些与逻辑用语相关的实际问题，如“如何使用逻辑用语来证明一个定理”“如何使用逻辑用语来描述两个事件之间的关系”等。学生在研究这类案例的过程中，可以进一步理解逻辑用语的概念和应用，并随着案例研究数量的增多，逐渐掌握使用逻辑用语来分析和解决问题的方法。

而在引入这些案例时，主要案例需要具有代表性和实用性，既符合高职学生的学业特点，同时要具有启发性和趣味性，可以激发高职生的数学学习兴趣和主动性。另外，也是最重要的一点，案例要与教材内容相符合，旨在启蒙学生将实际问题转化为数学模型，并运用数学方法进行求解。

（2）巧置问题，锻炼思维能力

在高职数学教学中，教材的编写对学生的数学建模能力的发展具有至关重要的影响。精心设置的问题可以激发学生的思维活力，引发他们主动思考和探索。另外，有针对性的思考是数学建模能力发展的重要基础①。在预习时，学生可以通过有针对性的思考来探究数学知识的本质和规律，发现和解决问题。同时，这些思考还可以帮助学生更好地理解和应用数学知识，提高其数学建模的能力。

以数列相关教学为例，数列是高职数学教学中的重要内容之一，它涉及的基础知识包括数列的定义、项数、项的符号、数列的分类等，同时也需要学生掌握数列的表示方法、数列的通项公式以及数列的应用等方面的知识。这部分知识主要考查的是学生的数学建模能力、逻辑推理能力和计算能力。学生在学习数列的过程中，可以掌握如何将实际问题转化为数学模型，并运用数学方法进行求解。同时，数列知识中涉及的数学思想和方法也很多，如归纳法、演绎法、递推法等，这些方法可以帮助学生更好地理解和应用数学知识。而为了促进学生的理性思考，可以在教材中设置如下问题：通过观察数列的项数和项的符号等特征，尝试归纳出数列的通项公式；根据数列的通项公式，尝试画出数列的图像，并观察数列的变化规律。同时，也可以结合实际应用，设计一些与数列相关的实际问题，引导学生将实际问题转化为数学模型，并运用数学方法进行求解，或设置一些综合题目，如将函数、导数和数列等知识结合在一起。这样的教材问题设置能够较为综合地考查学生的各方面能力和数学建模能力。

2. 教学模式：强化多元互动

教学模式对学生的学习效果和认知发展有着重要的影响。高职数学教学通过强化多元互动的教学模式，可以帮助学生从多个角度看待问题，培养其实践能力，并促进他们积极地联想和思考。其中，学生之间的线上互动，旨在让学生随时随地学习和讨论数学问题；线下互动，以便提供更多的机会让学生应用数学知识解决实际问题；师生之间的问答互动，可以及时解决学生的疑惑，并促使他们进行思考和联想。这些互动教学模式的结合，可以更好地促进学生的学习和认知发展。

（1）线上互动，多角度看问题

在数学学习中，一个问题往往有不同的解题思路和方法，学生可以通过线上互动交流彼此的想法和见解，从而开阔思路，提高解决问题的效率。同时，线上互动不受时间和地点的限制，学生可以在任何时间、任何地点进行学习和讨论，这使得学习更加便捷和高效。而且，学生可以在线上互相留言、发表观点和表达解题思路。这种互动方式可以帮助

① 王春荣．建模思想在高职数学教学的实践与应用研究［J］．大学，2023（11）：89.

学生进一步梳理自己的想法和问题，也可以让他人受益。而教师可以如此引导学生线上交流：首先，教师可以提前准备一些与教学内容相关的数学问题，可以是有趣的、具有挑战性的或者是实际应用中的问题，将这些问题上传至网络学习平台，以吸引学生的兴趣和积极性；其次，教师可以引导学生利用线上平台进行讨论，如建立一个数学讨论群或者论坛，让学生在这个平台上进行讨论和交流，教师也可以参与其中，给予必要的指导和帮助，同时可以调节讨论节奏，鼓励学生运用建模思想，让他们进行更高效、更深入的互动和交流。最后，对于积极参与讨论的学生，教师可以给予一定的奖励或者表扬，以激励更多的学生参与其中，也可以针对参与者的讨论情况，对他们进行及时的反馈和指导。总之，引导学生之间进行线上互动可以让他们从多个角度看待问题、随时随地学习，使他们的思考角度更加丰富，思考结果也更加优质。

（2）线下互动，培养实践能力

虽然高职数学是一门注重思考的学科，但仍需要一定的实践来辅助建模。因此，实践是教学中不可或缺的一个环节。通过线下互动，学生可以在教师的指导下亲自动手进行建模、计算和求解。线下互动可以加强学生对知识本质的理解。高职数学中的很多概念和原理都比较难以理解，尤其对于数学基础较弱的学生来讲，学习起来会感到十分吃力。而在线下互动中，他们可以与同学和教师进行交流和讨论，深入探讨数学知识的本质和原理，并掌握相关知识点。

以“平面解析几何”这部分内容为例，教师可以采取以下措施引导学生之间的线下互动：教师可以布置一些实践类的任务，让学生在小组内进行探究和解决。例如，让学生利用平面解析几何的知识求解一些实际应用中的问题，如计算一个圆或椭圆的面积、求解两条直线的交点等。学生可以在小组内进行讨论和交流，共同完成任务。又如，教师可以组织一些课堂活动，让学生进行小组竞赛，借助白板演示解题过程。借此，学生可以展示自己在求解实际问题时所使用的平面解析几何方法、计算过程和结果等，而其他学生则可以予以相应的点评。这样可以激发学生的学习兴趣和积极性，同时可以促进学生的实践能力和数学思维的发展。另外，教师也可以鼓励学生积极参与课外数学探究活动，如参加数学建模竞赛、数学探究项目等活动，让他们在活动中进行实践和探索，以提高数学素养和实践能力。

总之，引导学生之间进行线下互动可以让学生亲自动手建模、提高实践能力并加强对知识本质的理解。通过布置实践类任务、组织课堂活动和鼓励学生参与课外数学探究活动等方式，教师可以引导学生之间的线下互动，促进他们的数学学习和认知发展。

（3）问答互动，促进学生联想

在师生之间的问答互动中，教师可以通过提问的方式引导学生产生联想，让他们从多个角度思考问题，并运用已学知识来建立数学模型。同时，教师还可以通过提问来了解学生对数学知识的掌握情况，从而调整教学策略，以满足学生的需求。在这个过程中，教师要注重把控师生之间的问答互动节奏，因此需注意以下几点：第一，提问要具有针对性和启发性。教师提出的问题应当与教学内容紧密相关，能够引导学生产生联想并激发他们的学习兴趣。同时，问题应当具有一定的启发性，能够引导学生进行深入思考和探索。第二，要给予学生充分的思考时间。在问答互动中，教师应当给予学生充分的思考时间，让他们能够充分理解问题并尝试建立数学模型。同时，教师还可以采用小组讨论的方式让学生进行交流和探讨，以促进他们思维的活跃和解题能力的提高。第三，注重评价和反馈。对于回答正确的学生，教师要给予肯定和表扬，以激励他们继续努力；对于回答错误的学生，教师要帮助他们找出错误原因并引导他们正确理解数学知识。引导学生进行自我评价和反思，旨在让他们对自己的解题思路和解题过程进行深入分析，找出自己的不足并加以改进。

3. 教学评价：贯穿学习过程

任何教学都离不开教学评价，高职数学教学评价关乎学生对自己学习情况的认知，以及对掌握知识程度的了解。因此，教师可以评价学生的学习态度、建模过程、学习结果，以帮助他们提高自我认知度，从而进一步明确提高数学建模能力的方向。

（1）评价学习态度，找到原因，及时纠正

在高职数学教学中，学生的学习态度对于其学习效果和建模能力的发展具有重要的作用。一个良好的学习态度可以让学生更加专注，积极思考，从而更好地掌握数学知识。相反，一个不端正的学习态度则会影响学生的投入度和注意力，导致其思维跳跃，难以进行正常学习。因此，教师评价学生学习态度的重要性在于帮助学生找到学习状态不佳的原因，及时纠正错误的态度，以促使其端正数学学习态度，提高注意力。

以三角函数相关教学为例，教师可以通过以下方式评价学生的学习态度并帮助其纠正错误态度：观察学生的课堂表现。在三角函数教学中，教师可以观察学生的课堂表现，注意其是否认真听讲、积极参与讨论、认真练习等。如果发现有学生存在注意力不集中、思维跳跃等问题，教师可以及时提醒其端正态度，认真听讲，积极参与课堂讨论；检查学生的作业和练习。在布置作业和练习时，教师可以检查学生的完成情况，注意其是否认真完成、是否存在抄袭等问题。如果发现有学生存在抄袭或者不认真完成作业的情况，教师可以及时与其进行沟通，帮助其认识自己的错误，并督促其端正态度。同时，教师还可以及时与学生进行深度交流，帮助其分析根本性原因并找到解决方法，也还可以提供一些具有针对性的辅导和帮助，以帮助学生提高学习成效和建模能力。

（2）评价建模过程，找到漏洞，提高认识

评价学生建模过程的重要性在于能够找到学生在建模过程中的漏洞和提高他们对知识原理的认识。在数学建模过程中，学生需要运用数学知识解决实际问题，通过建模来找出问题的解决方案。因此，评价学生建模过程可以帮助教师了解学生在建模中存在的问题和不足，进而提出有针对性的建议和指导，帮助学生提高建模能力和对知识原理的认识。对于线上评价学生建模过程，教师可以通过浏览学生的解题思路和答案来了解学生在建模过程中的表现，即评价学生在建模过程中的思路是否清晰、是否能够灵活运用数学知识、是否考虑到问题的实际情况等。同时，教师还可以通过线上交流和讨论的方式，与学生进行互动和指导，帮助他们更好地理解和掌握数学知识；而对于线下评价学生建模过程，教师可以通过观察学生的实践操作来了解其在建模过程中的表现。在实践操作中，教师可以观察学生是否能够将理论知识与实际操作相结合、是否能够灵活运用工具和设备等等。同时，教师还可以通过与学生进行面对面的交流和指导，帮助他们更好地掌握实践技能，提高对知识原理的认识。

以平面解析几何相关教学为例，教师可以让学生求解一些实际应用中的问题，如计算圆的面积、求解两条直线的交点等。在评价学生建模过程中，教师可以先让学生表述其解题思路和建模过程，然后对其思路和建模过程给予评价和指导。如果发现学生在建模过程中存在漏洞或者对知识原理认识不足，教师可以及时指出并给予有针对性的指导和建议，帮助他们更好地掌握建模方法，提高对知识原理的认识，助力其提高建模能力。

（3）评价学习结果，系统反馈，促进提升

评价学生的学习结果可以帮助他们更好地了解自己的学习状况。通过了解自己的优点和不足，学生可以更有针对性地制定学习计划，提高学习效率。同时，教师也可以根据学生的学习结果对教学方法和策略进行调整和优化，以更好地满足学生的学习需求。评价学生的学习结果还可以促进学生的自我认知和自我提升，当得到正面评价时，他们会觉得自己的努力得到了认可，从而产生更进一步学习和探索的欲望。而当给出负面评价后，教师则可以通过鼓励和指导，帮助学生找出问题所在，并激励他们通过努力改进自己的学习方法和习惯。

以平面向量相关教学为例，教师可以针对某一题目的解答结果进行点评：教师选取一些具有代表性的题目，让学生进行解答，接着点评他们的解答结果，从而让他们了解自己对平面向量基本概念和运算的掌握情况。又如，教师可以针对学生对某部分知识点的整体掌握情况进行点评，如根据平面向量的教学进度，设置一些阶段性测试或者综合性的题目，以检验学生对该部分知识点的整体掌握情况，并针对存在的问题进行集中讲解和个别辅导，进一步帮助他们提高数学建模水平。

三、高职数学教学改革的注意事项

（一）注意授课内容与素质要素的融合

在素质教育背景下，高职数学教学的开展应注意依托教材内容着重培养学生的道德品质、创新能力等，教师需要深入研读教材，挖掘隐匿其中的素质要素，并根据不同学生的特点、发展规律开展隐性素质教育，做到用好用活教材。如微积分中蕴含着对立统一规律、质量互变规律、否定之否定规律；概率论与数理统计中蕴含着偶然性与必然性、共性和个性的统一、实践是检验真理的唯一标准等哲学思想，教师通过讲授数学知识中的哲学思想，引导学生形成辩证思想，进一步深化其对数学知识的理解与认知。唯其如此，才能掌握高数的思想精髓，形成创造性思维。

（二）保证授课方法与素质特征相适应

素质教育融于高职数学教学中应该根据高等数学课程的特点及素质教育的特征，通过灵活运用类似对比法、背景式教学法、多媒体辅助教学、启发式教学等手段将枯燥乏味的课程变得生动鲜活。如数学语言的简洁美，不仅能凝练数学概念，而且能反映数学运动的内在规律；数学形式的对称美，数学公式、数学图形等均具有对称性，数学教师不仅要借助多元的授课方法引导学生认识其中的“美”，更要培养学生的数学思维素质，从而为其未来身心全方位发展奠基。

四、促进高职数学教学改革的思路

（一）调整教学认知，培养学生能力

数学能帮助人们进行数据计算、推理及证明，是人们生活、劳动和学习必不可少的工具，它为其他学科专业提供了语言、思想和方法，所以数学的基础性地位无可替代，更不能偏废。学校应根据招生批次和招生来源的不同，结合文理科学生的特征，对一线的高职数学教师进行相关数学理念、教学目标及教学方法的培训，调整教师对高职数学教学认知的偏差。针对不同专业的学生，高职数学教师可以在教学过程中引入一些应用案例或者引入一些数学发展史的内容，培养学生的爱国主义精神和创新精神，改变学生心中“数学无用论”的思想。在教学的同时，应该充分遵循“学有所用、学有所需”的原则，而在教学过程中，更要从培养能力出发，发掘学生潜在的创新思维，切实提高学生的综合素质。

（二）调整教学内容，适应高职教育特色

高职教育培养的是高等技术应用型专门人才，需能适应生产、建设、管理、服务第一线的需要，并且德、智、体、美、劳等方面要全面发展，针对高职院校不同专业需要和需

求，适时地调整教学内容，抓大放小，讲重点，以服务于各职业技能为主导，真正做到够用就好。在学期内规划安排好课时，更好地服务于学生专业发展和提高学生在数学高度上的认知。

（三）调整教学方法，加强计算机与数学教学的整合

无论是专业课教师还是公共基础课教师，无论是专职教师还是兼职教师，都需要不断地接受培训和学习，学校应该重视所有任课教师的学习发展，为教师提供学习和培训的平台，不能顾此失彼。只有教师提升了自己，才能带给学生更多。现代信息技术的发展很快，它对数学教育的价值、目标、内容以及教与学的方式都产生了很大的影响，人们更重视运用现代信息技术，尤其是要加强计算机与数学教学的整合，大力开发更为丰富的学习资源，把现代信息技术作为学习数学和解决问题的强有力的工具，改变学生单一、传统的学习方式，从而使学生融入更为现实的、探索性的数学活动中去，体现“教学做合一”的教学理念。所以，教师要以学生为本，不断地创新教学方法。

（四）调整考核与评价方法，构建新的评价体系

为激励学生的学习和改进教师的教学，考核与评价是很有必要的，也是必不可少的。考核与评价不仅能够全面了解学生的数学学习历程，考查学生的实际能力，而且能不断改进教师的教学方法，以达到更好的教学效果。不过以往的评价手段太过单一，不能全面反映学生和教师的真实情况，所以很有必要建立评价目标多元、评价方法多样的评价体系。对数学学习的评价，不仅要关注学生学习的结果，还要关注学生学习的过程；要关注数学知识的掌握，也要关注数学知识的运用。总之，考核与评价的结果优劣要经得起实践检验。目前学期期末对学生的考核一般都是出试卷考试，通常采用百分制，以考试分数来评定学生是否过关。我认为教师可以根据学生平时的课堂表现、课下作业完成情况、章节测验情况来给学生作一个评价，再结合期末的考试结果，从而形成对学生的一个最终评价，也就是说过程性评价和结果性评价相结合，这样可以把学生平时学习的积极性也调动起来，起到贯穿一条线的作用。对教师的评价一般都是学生期末在网上对任课教师进行一次性评价，过于形式化，学校也可以采取让学生对教师有一个期中评价，甚至教师可以利用网络让学生对自己的每一节课都有一个评价，及时让教师知道哪里不足，从而不断地改善和提升自己。

（五）利用网络线上学习，发挥学生的学习能动性

为满足多样化的学习需求，高等教育的学习内容应根据实际需求进行调整，且内容的呈现也应采用不同的表达方式，当然这些教学活动必须建立在学生的接受能力基础之上。由于学制的限制，线上和线下相结合的学习方式越来越成为一种趋势。学生完全可以利用课余时间进行网上自主学习，化被动为主动。现在网络有好多慕课都是共享的，如果能将

网络学习和课堂学习结合起来，对考核方法作一些变化，网络学习可以以一些学生感兴趣的数学知识，想了解的国内外数学家的故事或者数学发展史作为学习内容，也可以达到一定的调动学生学习能动性的效果。

五、高职数学教学的创新教育改革理念

（一）创新教育改革理念

在创新教育改革理念的过程中，教育体系实现了全方位的改革和发展。家庭教育不再仅仅是父母的一种责任，而是被整个社会重视和支持的重要环节。政府也鼓励父母参与子女的教育，并提供相关的培训和指导，以帮助他们更好地履行教育责任。同时，社会组织、志愿者等也积极参与到家庭教育中，为学生提供更多的资源和帮助。学校教育也实现了全面的转型和升级。不再仅仅追求学科知识的灌输，而是注重培养学生的创新思维和综合素质。为此，学校创设了各种丰富多彩的学习环境和项目，让学生在实践中学习，充分锻炼团队合作、沟通交流的能力。学校与社会也建立了更紧密的联系，学生可以通过实习、实训等方式走出校园，亲身体验社会的多样性和复杂性，为未来的就业和创业作好准备。

社会教育也迎来了更加充实和多样化的发展。各级政府加大了对职业培训和终身学习的投入，建立了更多的培训中心和职业教育机构，为广大人民群众提供了更多的学习机会和职业发展通道。社会各界也积极参与社会教育中，开展各种形式的志愿服务和社区教育活动，促进了人们的终身学习和全面发展。

教育改革理念的创新，不仅为每一个个体提供了全面的教育机会，也为社会的发展注入了源源不断的创新活力。在这样的教育体系下，每个人都有机会发现并充分发展自己的潜力，实现自身的价值。整个社会变得更加包容和进步，人与人之间的相互关爱和支持也得到了提升。这样的教育体系不但促进形成了一个和谐乐观、积极向上的社会风气，也为国家的繁荣和进步提供了强有力的支持。

（二）创新教育改革理念中高职数学教学的重要性及意义

1. 培养创新人才需求

随着信息时代的迅猛发展，创新能力成为各行各业的核心竞争力。而数学作为一门思维训练的学科，培养了学生的逻辑思维能力、分析问题的能力以及解决实际问题的能力。高职数学教学应以培养创新人才为导向，通过理论与实践相结合的教学模式，培养学生的创新意识和创新能力。例如，通过数学建模等实践活动，引导学生运用数学知识分析和解决真实问题，培养学生发现问题、分析问题、解决问题的能力，培养学生的创新思维和实践能力。

2. 提升学习动力和兴趣

高职学生具有实际应用能力强、注重实际操作的特点。而数学作为一门具有实际意义和应用领域广泛的学科，如果能够将数学教学与实际问题相结合，将会激发出学生的学习兴趣和内在动力。高职数学教学应注重培养学生的实际操作能力，通过具体实例和应用案例的引导，将抽象的数学知识与实际问题相结合，可以帮助学生理解数学的应用价值和实用意义。例如，在工程类专业中，可以引导学生通过数学方法分析工程设计问题，计算出最优解，从而提升学生对数学学习的兴趣和动力。

3. 培养实际应用能力

高职教育的核心目标是培养具有实际工作能力和技术应用能力的专门人才。而数学是一门广泛应用于各个学科和行业的学科，掌握数学的基本概念、方法和技巧对学生在未来的实际工作中起着重要的支撑作用。高职数学教学应注重培养学生的实际应用能力，通过实例分析和真实案例的讲解，使学生能够将数学知识运用到实际工作中，培养学生的实际问题解决能力和技术应用能力。例如，在电子信息类专业中，可以通过对电路分析和信号处理等方面的学习和实践，培养学生的电路设计和信号处理能力，为学生未来的工作和研究奠定坚实基础。

4. 适应职业发展需求

高职院校的目标是培养与社会需求相匹配的具备职业能力的人才。而数学在各个职业领域都具有广泛的应用，掌握数学的基本知识和技能对学生未来的职业发展至关重要。高职数学教学应着重培养学生针对不同职业领域的数学应用能力，将数学与实际工作相结合，使学生能够在实际工作中运用数学知识解决问题，提高他们的职业竞争力和适应能力。例如，在自动化控制领域，高职数学教学应注重培养学生的数学建模和控制理论的应用能力，使他们能够熟练运用数学方法解决自动化控制系统的设计和优化问题，为学生的职业发展奠定基础。

第二节　高职数学教学改革的路径

一、运用数字化教学

（一）提升教师的职业技能，促使教学和数字化深度融合

高素质技能型人才是职业教育人才培养的终极目标，未来的企业更看重一个人的工作技能，比如产品设计能力、客户沟通能力、流程优化能力、项目实施能力、信息使用能

力、专业营销能力、技术应用能力和领导能力，这些能力可以使学生在未来工作中面对复杂的行动方案时能够清晰地阐述自己的观点，轻松应对各种变化，找到正确的思维路径，主动探究问题的根源，采取合理的方法解决问题，这些能力的培养离不开数字化教学手段和数字化技能。数字化转型的重任最终都要落到教师身上，教师的数字素养关乎数字化转型的成败和教学质量的优劣，提升教师、学生和教育管理者的数字素养和数字技能是转型的关键。

高职数学从强调基本计算能力、操作能力的培养逐渐转型升级为数字技术技能应用及创新实践能力的培养，数学教师必须掌握与时俱进的技术技能，在教好数学专业知识的同时，注重培养学生的数学应用能力。我们可以通过对数学教师进行智能技术、信息素养、学术讲座和数据分析等专题培训，不断提高他们的数字化和信息素养水平，促使他们熟练使用数字技术和数字平台增强教学效果，将使用各种信息化平台变成教师的一种习惯、一种教育方式和学习方法。同时，加强教师队伍建设，招聘具有数字化背景的数学人才参与课程设计和教学，培养教师和教学管理者的数字技能，开发适合高职学生的数字教材和网络微课等特色数字资源，建设适合本校学生的在线教育平台来提升学生的学习体验和学习驱动力。

（二）改革教学内容和教学手段，激发学生的学习兴趣

高等数学是高职院校开设的一门理论性较强的公共基础课。传统教学模式下对数学公式、定理的推导和问题的探究、计算、验证十分抽象和枯燥，在数字技能的加持下，我们应打破传统教学的局限，主动适应数字教育新形势，迎合时代发展需要，加快新型教学基础设施建设，改革高职数学教学内容，删减理论性较强的数学内容，增加数学实验、数学建模等实践模块，主动为计算机、建筑材料、电子信息等学科服务，把教学重难点用微课二维码的形式设置在教材上，学生可以扫码听课，并借助在线优质教育资源与信息技术促进教育教学法变革。开展课前教师导学、学生自学，课堂讲清楚每个知识点的数学思想方法和已学知识之间的联系，通过教师精准化教学和个性化指导，学生之间的讨论协作、合作学习，能够给予学生有效的知识传递、高阶的能力训练和素养层面的价值引领。利用线上线下融合式教学、智能化教学和项目教学等手段，促进学生通过教师引导和自主探究成为学习的主体。

信息化手段“化静为动”和教育数字化资源开放具有的优势，不仅增强了学生学习数学的兴趣，还可以随时随地服务学生，使教学效果更加显著。例如：①高等数学的概念、定理推导、几何意义等诸多教学场景都可以穿插图片、教学案例动画、微课视频等来辅助教学，通过数形结合的教学方法增加课堂色彩、开阔学生视野。②利用教学动画，教师对知识点进行解构和重构，自主开发各种网络微课，作为线下课堂主渠道的有益补充，将教

学内容中的重点、难点内容通过微课的形式课前发给学生，并安排学生就预设话题进行线下讨论，课上先由学生提出问题，教师引领学生进一步细化知识点，将零散案例进行整合和答疑解惑。③基于每个学习者不同的个人需求，根据学生自己的学习时间、学习进度安排个性化的学习计划，利用大数据、人工智能技术对学生在线学习情况进行精准分析，为教育者提供个性化、精准化教学和服务，教师也可以就学生的学习风格和个性化差异量身定制辅导内容并进行技术赋能的创新评价。④在高职高专数学课程体系中，由于学时逐年减少，教学大纲规定的内容并不能全部讲解，学生在第二年专业课和专升本的学习上遇到这部分高数问题只能返回去自学，在学校使用过的超星学习通、钉钉等教学媒介和开放的优质网络课程资源能够为这种学习提供很好的平台。⑤学生在工作后也可以根据实际需要，随时随地运用网络优质课程和人工智能技术，轻松获取教育资源进行在线教育和终身学习。借助数字资源随时随地自主学习、自我赋能将成为未来学习的主流。

（三）转变教学理念，树立数字化教学意识

在高职教育教学中，应用“互联网+”引领课堂教学改革，对高职数学课程数字化发展起到了促进作用。应用信息技术优化课堂教学模式，促进高职数学教学的多元化发展，为高质量教学打下坚实的基础。高职数学教师应当及时更新教学理念，建立数字化教学意识，在教学中以生为本，尊重学生主体地位，并着重培养学生的自主学习意识、创新意识和思维能力。为了营造出轻松愉快的教学氛围，教师可以利用互联网和多媒体等现代技术与学生积极互动。例如，当涉及“概率公式与例题”这一部分内容时，由于该内容涉及排列、组合、阶乘等知识，而学生的基础知识薄弱和课时紧张，成为教学中需要面对的挑战。为了应对这一挑战，教师可以使用生动有趣的例题和案例，帮助学生更好地理解概念，也可以利用多媒体技术增强教学的互动性和趣味性，提高学生的学习兴趣和参与度，帮助学生更好地掌握知识。此外，教师还可以借助“互联网+”技术弥补传统课堂的一些不足。例如，针对课堂上难以讲解的排列、组合和阶乘等内容，教师可以借助超星学习通、雨课堂等 App 实现线上教学，将知识内容传递给学生，确保学生能在课前或课后自主进行学习，更快地掌握知识。这种方式不仅有效地弥补了以往数学知识出现断层的局面，也实现了高质量的教学，让学生能够更好地理解和掌握数学知识。

（四）应用微课教学，提高数学教学有效性

高职数学微课教学作为一种实用且高效的教学方式，巧妙地突破了教学中的重难点知识，创新了传统的教学方法，让课堂更加生动有趣，已经成为众多教师的得力助手。有了微课的加持，学生的注意力被有效地吸引过来，能够全身心地投入学习中，从而提高学习效率。微课顾名思义是利用信息技术，依据学生的认知规律，将数学中的重点难点提炼出来，把已有的内容整合成 5 分钟至 10 分钟的知识点。在备课时，教师需要依据教学内容，

将其制作成微课形式，并上传到网络中，引导学生自主下载，通过互联网让学生随时随地实现碎片化学习，掌握高职数学课程的内容，达到良好的学习效果。

例如，在教授“函数单调性与极值”内容时，教师可以借助多媒体教学设备辅助课堂，利用动态化的绘图形式，激发学生学习的积极性，并将教学内容制作成微课形式，让学生能够随时随地下载知识并学习。如果学生在学习的过程中遇到困难，还可以利用网络学习平台及时向教师和同学请教。此种方式让教师能够实现在线指导，也能够使学生及时解决自身存在的疑惑，从而提高学生的学习效率，为高质量的数学课堂奠定基础。

（五）利用信息技术，全面提高教学效率

信息时代的到来让现代化信息技术为高职学生学习数学带来了新的机遇。人机交互的便利使得学生可以在同学的互评与教师的点拨下更加积极地参与到课堂教学中。这种数字化教学方式将理论与实践相融合，培养学生独特的解题方法与思路，帮助学生更好地理解高职数学。以“三角函数”的教学为例，教师可以借助多媒体信息技术生动地展现三角函数的发展历史。这不仅有助于激发学生的学习热情，降低学习难度，而且能引导学生根据自身对函数知识的理解建立概念图，延伸与拓展相关问题。这样的教学方式不仅有助于学生厘清知识脉络，加深对知识的理解，还能提高学生的独立思考能力与理解能力，从而取得更好的学习效果。在高职数学的教学活动中巧妙运用计算机技术，可以显著提升课堂教学效率。教师可以精心制作动态图形课件，充分挖掘并发挥新型技术的优势，促使学生理解抽象化的数学知识，有效地降低学习难度，提高学习效率。动态化的教学方式能够让以往枯燥乏味的理论变得清晰化，让复杂的抽象的知识更加具象化、形象化，从而降低学习难度，为学生带来更多数学学习的乐趣和动力。在具体实践过程中，教师需注重课件的互动性、实用性和生动性，以确保教学活动取得最佳效果。

（六）确保教学实用，提高数学教学针对性

数学作为一门与众多学科都有着密切联系的学科，不仅在现实生活中有着广泛的应用，而且是高职教育中不可或缺的部分。为了提高高职数学的教学效率，教师需要结合不同专业的特点与需求灵活地展开教学，确保数学知识能够与各个专业实现良好联结。例如，在教授“导数”概念知识时，对于电子信息专业的学生，教师可以融合其中的线密度进行教学；对于物理专业的学生，教师则可以将电流强度内容融入其中，充当学习背景。此种教学方式能够有效提高数学的实用性与针对性，解决以往教学中的盲目性问题。与此同时，在实际教学中，教师还可以基于“互联网+”，将生活中的专业知识与生活例子融入教学中，使学生掌握更多的高数知识。此外，学校应当重视对师资队伍的培养，打造高素质的数学师资队伍。例如，通过展开对教师的培训工作，让教师能够具备良好的信息技术和信息素养，能够更好地针对高职数学知识展开合理的教学设计与教学安排，并学会使

用在线教学资源实施学习与交流，以此助力教师提高教学能力和水平。

（七）基于学生需求，改进以往教学模式

在“互联网+”背景下开展高职数学数字化教学时，为了能够最大化地发挥数字化教学手段的作用，教师需要结合实际学习需求与专业发展领域，制定符合学生的高职数学教学方案。同时，在教学中，高职数学教师需要始终秉持着实用性原则，结合教学内容、教学目标和教学任务，选择适宜学生的教学方式，提高高职数学课堂质量。例如，教授“不定积分”相关内容时，为了能够让学生掌握换元积分法与分部积分法，教师需要在课堂上播放有关解题方法与运算的形式，并利用多媒体推导出来。此种形式不仅能够节约课堂时间，还能够突破教学中的重难点内容，把握教学节奏，使学生能够在学习过程中有充足的思考空间进行知识记忆。在此过程中，教师要准确地把握课堂节奏，语速切勿过快，否则学生的思维无法跟上教学进度，同时，教师需要充分考虑学生的需求，既要利用计算机进行操作教学，又要重视课堂的反馈与师生互动。例如，教师应当引导学生参与课堂提问、课堂练习和课堂讨论，助力学生强化数学知识；在完成教学任务后，教师可以将课件上传到网络教学平台中，使学生能够随时随地下载学习，从而巩固学生的学习效果。

（八）借助教学 App，实施有效教学引导

教学 App 功能与在线教学平台功能具有相似性，两者的区别在于教学 App 具有灵活性，能够直接下载到手机中，实现灵活运用，较为常见的有雨课堂、蓝墨云班课等。在教学时，教师可以依据高职数学教学的实际情况，选择适宜的软件展开教学。教师先引导学生提前下载 App，再依据课程教学内容利用资源、活动、通知和成员管理等系列模块，实现对高职数学教学的有效组织，并将各类教学资源发布到 App 中，让学生能够随时观看。例如，课堂上，教师可以让学生登录 App 签到，签到以口令的形式，以此精准地完成考勤工作。教师也可以利用 App 进行随机抽取学生回答问题，学生回答正确就可以收获经验值，为后续评价奠定基础。同时，教师还可以利用 App 进行课堂检验，要求学生在线进行答题，对学生的答题情况进行评估，并与后台教学系统相结合。教师就能够借助后台准确地分析学生的学习情况，更好地了解不同学生的学习进度，以便实施有针对性的教学指导，确保每个学生皆能获得良好提高，进而提高高职数学教学质量。

（九）利用学科优势，培养学生的数学能力

数学是一门逻辑性较强的学科，它帮助人搭建的是逻辑框架，即为什么要这么做，从 A 到 B 为什么应该按照某种特定的方式去进行；学习数学还可以培养数据分析能力，帮助人们获取有用的信息，形成底层思考能力，也可以通过分析理解数据背后的意义，帮助人们精准抓住问题实质，从而实现人才的可持续发展。高职数学教学可以将单纯依靠传授数学知识、解题思路和技巧培养学生数学计算能力，升级为数学思维训练、传播数学思想方

法，使学生获得较强的逻辑思维能力、分析解决问题能力、互动合作能力和临场应变能力，并为其他学科的学习和未来的职业发展提供良好的知识储备。比如：第一，在数学概念的教学中，概念的形成过程就是由具体到抽象、感性到理性的认识过程，在引入新概念前，对引例的分析、讲解能够帮助我们将具体问题抽象成符号公式，从而理解问题的本质和规律，这个过程是一种很好的抽象思维训练。第二，通过数学模型案例教学，学生认识到模型思想的作用及价值，学会统筹安排，合理配置有限资源，获得最佳经济效益，从而更好地在未来的工作中解决实际问题。第三，通过模拟演练、方案质疑和分析总结，就针对性问题积极进行互动探讨、互相启迪，深化学生对数学知识的理解，能够锻炼学生的发散思维，提高学生数学应用能力；通过一步步的数学推理、演练，培养他们的逻辑思维能力和耐心、毅力以及应对挑战的勇气。第四，通过案例教学积极倡导独立思考，鼓励学生跳出思维定式，发表自己的见解，提出不同意见，培养学生的创新能力和批判怀疑思维；学生若能畅所欲言，对学生的口头表达能力和归纳概括能力的培养也是一种非常有效的方式。第五，通过引导学生对同一问题进行多维度观察思考，从中寻找规律，并从一题多思中寻求一题多解，学生的发散思维能力可以得到很好的发展。在考虑某个事件的多种可能性问题上，鼓励学生通过观察分析，找出问题的因果关系，提取关键信息来探寻问题的本质，大胆假设和预测结果，并用数学手段小心求证。

配合数学思维的各种拉伸训练，学生对知识的掌握很快就能从“认、识、知”自然过渡到“觉、感、悟”，也明白了学高数并不仅仅需要学会计算多少道数学题，学会多少种解法，更重要的是领悟数学思想方法，无论从事什么工作，只有深刻铭记心中的数学精神及数学思维方法，才能运用数学的眼光看待问题，用数学思维来思考问题。

（十）开展订单式人才培养，满足企业数字化人才需求

现阶段，职业教育专业结构和产业结构的吻合度不高，可供给人才与企业需求不太一致，很多企业数字化业务发展遇到瓶颈主要是因为数字化人才不足。基于未来新职业、新岗位的数字化人才需求，学校应开展校企合作，制订“数字人才订单班”“数字人才定向培养项目”等人才培养方案，签订培养协议，按照企业需求修改教师培训计划，制定专业培养方式；企业提供实训设备和场地，派技术人员、工匠、专家到学校授课，带学生到企业顶岗实习，学生毕业后直接到企业就业，为学生提供更多的实践机会和就业渠道，实现教学与就业的无缝对接；企业提炼总结自身业务中应用到的数字技术、案例和经验，积极参与高职数学与其他学科人才培养方案和课程标准的制定，促进高数教学更好地服务于各专业群；每年安排教师深入各类企业实践、调研，了解行业企业动态发展趋势和市场对各类数字人才的需求比例，在教研活动时组织专题讨论，及时调整各学科课程计划和课程内容，使之更加贴近现代企业实际需求，使职业院校培养的学生在数字经济时代具备更加全

面的竞争力。这种产教融合、工学结合人才培养之路针对性强，学生的学习目标明确，缩短了学生进入企业的适应期，避免了人才培养的盲目性，达成了导向明确、路径清晰、专技融合的高质量数字化定向人才培养目标，不仅能够满足企业的人才需求，还可达到企业对数字化人才的能力要求。

（十一）利用数字资源强化文化育人、网络育人

学校教育是一个系统工程，要充分发挥课堂教学在育人方面的主渠道作用，同时也要加强文化育人和网络育人的辅助育人功能，这也是学校教育的根本任务。网络是人们学习、娱乐、生活不可分割的一部分，手机和网络让互联互通变得更为便捷，同样地，各种电子产品的声色之乐、海量的信息像密不透气的认知之墙很容易蒙蔽学生的“心体”，让学生沉溺其中不能自拔，学生的“心”和镜子一样，需要不断打磨。每个人都是手握传声筒的自媒体，能不能吸引学生的眼球、争夺到学生的时间、触碰到学生的关注点，能否引导学生通过读书、自省、修行和社会实践让自己回归本真，摒弃多余的欲望，是对学校和教师全方位的考验。我们可以将数字技术和数字资源融于第二课堂，开发各种思政网络微课，以讲座形式融入道德品质教育和爱国主义教育，用话剧表演、微电影、书评、阅读推荐与分享、脱口秀等贴近时代、贴近学生、贴近生活的活动形式寓教于乐，传递阅读能量，“走出去”“引进来”，给予学生适当的“情感引领”，引导学生去写、去想、去思、去悟，感受中华传统文化的魅力，将铸魂育人渗透到学生成长成才的方方面面，帮助学生树立正确的世界观、人生观、价值观，实现学生综合素养、人际关系技能和职业技能的同步提升。

二、强化创新教育改革理念

（一）加强家校合作，建立持续沟通和密切合作的机制

家校合作是教育改革中必不可少的一环。针对高职数学教学的特点和需求，应建立起学生、家长和学校之间的持续沟通和密切合作的机制。家长是学生教育的第一责任人，学校应加强与家长的沟通，了解学生的家庭背景、兴趣爱好和学习困难等，借助家长的力量共同促进学生的学习。

例如，学校可以利用现代科技，建立在线教育平台，提供给家长和学生数学课程的学习资源和交流平台。家长可以通过观看网络课程、参与在线讨论等方式，更好地了解学生的学习进展和困难，以便及时与学校进行沟通并协助解决问题。

（二）个性化教学，根据学生的差异和需求，提供个别辅导和指导

个性化教学是高职数学教学的重要策略之一。每个学生的学习特点和能力水平不同，应根据学生的差异和需求，提供个别化的辅导和指导。首先，教师应了解学生的数学基础

和学习风格，为学生制定个性化的学习计划，设置合理的学习目标。其次，教师应根据学生的实际情况调整教学内容和教学方法，帮助学生理解数学概念和厘清解决问题的思路。在教学过程中，教师应注重培养学生的自主学习能力，让学生积极参与到课堂教学讨论中，并提供适当的反馈和指导。最后，教师还应提供给学生额外的学习资源，如教学视频、在线交流平台等，方便学生学习和交流。

例如，教师可以根据学生个体情况安排个别辅导，帮助学生解决遇到的困难和疑惑。在个别辅导中，教师可以以问题为导向，帮助学生理解数学概念，提供更多的练习机会，引导学生独立思考和独自解决难题。同时，教师还可以通过定期的个别讨论会，对学生进行学习情况的反馈和评估，并及时调整教学策略，促进学生的进步和发展。

（三）培养学生的学习兴趣和动机，激发他们对数学的热情和探索欲望

学习兴趣和动机是学生学好数学的重要因素，对于高职数学教学来说更是如此。为了提高学生学习数学的兴趣和动机，教师可以从以下几个方面入手：首先，教师可以运用启发性的问题和案例，引发学生的思考和兴趣。通过设置生动有趣的案例，让学生能够在实际问题中运用到所学的数学知识，增强学生对数学的实际运用体验和兴趣。其次，教师可以利用多样化的教学方法和资源，如动画、实验、游戏等，使学生的学习过程更加丰富多彩。最后，教师还可以邀请具有丰富实践经验的专家或行业人员给学生讲解数学与实际应用的联系，让学生了解数学在现实生活中的重要性和应用领域，激发学生对数学的学习热情和探索欲望。

例如，教师可以组织数学实践活动，如数学拓展课程、数学游戏、数学建模比赛等，让学生在实际操作中体验数学的乐趣和应用的价值。同时，教师还可以引导学生进行数学研究，让学生选择自己感兴趣的数学课题，并进行深入的探究和分析。通过这种方式，激发学生对数学的好奇心和探索欲望，提高学生主动学习的动力和兴趣。

（四）利用多种教学方法和资源，增加学生对数学的实际运用体验

高职数学教学应注重学生对数学实际运用的体验，培养学生解决实际问题的能力。在教学过程中，教师可以运用多种教学方法和资源，强化学生对数学的实际运用体验。首先，教师可以让学生进行小组合作，通过合作解决实际问题，让学生亲身感受数学在解决实际问题中的作用。其次，教师可以引导学生进行实践性实验，通过实验数据的收集和处理，让学生理解数据的统计规律和数理模型的建立。最后，教师还可以通过实际案例的引入，让学生将所学的数学知识应用于实际中，培养学生的应用能力和创新思维。

例如，教师可以组织学生参加实际项目，如社区调查、市场调研等，让学生运用所学的数学知识进行数据采集和分析。同时，教师还可以引导学生进行数学建模，让学生将复杂的实际问题转化为数学模型，并通过计算和分析，得出解决问题的方法和结论。通过这

种实践性的学习方式，学生能够更好地理解数学应用与实际问题的联系，提高他们解决问题的能力和数学应用能力。

综上所述，高职数学教学在创新教育改革中面临着一些挑战。其中包括学生基础差异、教师教学理念与方法陈旧、教学资源短缺等问题。为了应对这些挑战，高职数学教学需要在培养学生实际应用能力、提升学习动力和兴趣、适应职业发展需求等方面发力。在实施教学策略上，可以采取灵活多样的教学方法，利用丰富多彩的教育资源，组织学生参与实际项目、引导学生进行数学建模等，增强学生对数学的实际运用体验。同时，建立家校合作机制，加强与家长的沟通和合作，提供个别辅导和指导。此外，进一步多形式多渠道丰富教学资源，提高教学质量与效率也是重要的任务。通过这些措施，高职数学教学将能更好地适应教育改革，培养出具有实际工作能力和技术应用能力的专门人才。

三、提升思维导图应用

（一）与时俱进的教师观是前提

1. 更新教师的教学观念

教师要更新自己的教育教学观念。随着网络信息技术的飞速发展，全新的教育理念、教育方式和教育手段层出不穷，为高职数学课堂注入了新的生命力。教师要与学生构建尊重、合作的师生关系，仔细观察，主动与学生交流互动，了解学生在数学学习中存在的困难，为其搭建学习支架，帮助学生解决问题。掌握数学知识是数学课堂教学的重要目标之一，利用思维导图构建知识网络不仅能够帮助学生掌握数学知识点，而且能够促进学生数学思维的形成。

2. 为学生提供有效的指导

思维导图的学习需要长期坚持，教师利用思维导图辅助学生构建数学知识网络，能够培养学生的数学思维，让学生掌握一种构建数学知识网络、促进思维进阶的方法。同时，高职数学教师可以引导学生用思维导图整理高职课堂的数学知识，将数学知识以可视化的方式呈现出来，形成完善的知识网络，培养学生数学思维的完整性，促进学生的数学学习。此外，学生不仅可以在整理的过程中运用思维导图，而且在解决数学问题的过程中也可以运用思维导图，根据具体问题灵活处理，提升数学问题解决能力。

（二）以生为本的学生观是关键

1. 尊重学生的主体地位

教师要尊重学生的主体地位。一般来说，教师在复习课中常常会用思维导图梳理本单元的知识点，但这样就难以体现学生的自主学习能力。基于核心素养教学方式的变革，教师要充分尊重学生的主体地位，每一个学生都是独立发展的人。思维导图是个性化的知识整理工具，每个学生用思维导图整理数学知识的过程也能体现出学生的独特性。在运用思维导图构建数学知识网络的过程中，每一个学生的思维表达方式都不同，教师要改变传统的教学模式，给予学生充足的时间和空间去想象，充分体现尊重学生主体地位的理念，将学习的主动权还给学生，让学生自主绘制思维导图，从而更好地理解数学知识点，加深学生对数学知识的记忆。

2. 培养学生的数学思维

教师要重视培养学生的数学思维。数学思维的培养不是一朝一夕可以完成的，学生运用数学思维导图整理知识的步骤包括知识建构、知识联系及思维导图绘制，整个过程需要学生不断的思考。运用思维导图进行知识梳理的过程不仅可以整理一个单元的知识，而且还能运用于平时所学的内容中，思维导图梳理过程还可以融入学生对知识点的思考，比如将之前所学的知识体现在思维导图中、将自己对知识点的理解体现在思维导图中等，再将数学知识点按照不同的模块进行整理，每一次看思维导图都可以补充新的内容，直到将高职数学知识点都纳入思维导图中，在脑海中形成完善的数学知识网络。

（三）思维导图实施步骤

1. 梳理数学知识点

在组织教学活动的过程中，高职数学教师可以引导学生一边梳理数学知识点，一边思考数学知识点内在的逻辑关系，利用手绘或者多媒体等方式写出关键词，根据关键词回顾数学知识，在关键词的引导下让知识点向周围发散，并做好相关记录，也就是分支关键词，再根据分支关键词补充所学内容。根据心理学理论，教师刚开始组织学生用思维导图构建知识网络的过程中，可以让学生选择自己喜欢的形状、图案、色彩等，以便对思维导图产生浓厚的兴趣，并将思维导图与直线式整理进行比对，让学生意识到用思维导图构建知识网络的意义。在刚开始接触思维导图的时候，教师不要刻意为学生布置思维导图绘制任务，也不要严格限制思维导图的绘制形式，提出基本的要求即可，如每个思维导图要体现关键词、分支关键词、分支节点等，让学生按照自己喜欢的方式进行整理。教师根据学生所提交的思维导图了解学生的整理喜好与习惯，选择一些有价值的部分应用于思维导图教学活动中，满足学生的个性化需求，提高思维导图教学效率。

2. 鼓励学生用思维导图整理数学知识点

学生接触思维导图后，教师可以让其尝试用思维导图整理数学知识点，无论课中课后都可整理。教师能够根据学生在课堂上的表现，更清楚地了解学生的思维导图绘制情况，以及学生在绘制过程中面临的困难，并给予学生积极反馈，帮助学生解决绘制过程中遇到

的问题。此外，教师要重视反馈，无论学生是在课中完成思维导图，还是在课后完成思维导图，教师都要积极给予学生反馈，让学生了解自己的思维导图哪里较好、哪里不够好，并提出有针对性的解决方案，在这一过程中，教师起主导作用。思维导图整理的内容不用太多、太杂，主要目的是让学生学会绘制思维导图，重点并非知识建构。

3. 安排思维导图绘制任务

在学生掌握思维导图绘制方法后，教师可以适当增加难度，在课前、课中、课后都可以安排思维导图绘制任务。在绘制思维导图的过程中，学生可以融入自己喜欢的元素，如有的学生非常喜欢小动物，那么就可以绘画各种各样的小动物，如关键词用老虎的形象、关键词分支用狮子的形象、分支支点用猴子的形象。在这一过程中，教师的主导作用逐渐减弱。学生之间可以互相评价、互相分享自己绘制的思维导图，评选出优秀的思维导图作品。教师可以请学生描述自己绘制思维导图的思路，这个阶段，思维导图绘制的教学重点要偏向知识网络的建构，学生要学会理解知识点之间的联系，主动构建数学知识网络，充分体现学生的主体地位。

4. 完善思维导图

在期中和期末阶段，教师可以用思维导图组织复习活动，让学生了解思维导图的价值，且在以后的学习活动中能够自觉运用思维导图，并不断补充和拓展其内容，使思维导图更加完善。教师对学生所绘制的思维导图要提出更高的要求，不仅要自己能够看懂，而且要他人能够根据思维导图理解绘制者的思路，并体现创造性特征。当然，教师也可以引导学生用软件制作思维导图。此外，要建立思维导图档案。高职数学教师可以在每个学期末将学生绘制的思维导图归档，一个学年结束后，根据所学的数学知识重新绘制或补充思维导图内容，形成高职阶段数学知识点思维导图大作品。为了激发学生绘制思维导图的主动性，教师可以将思维导图纳入评价体系，做到教、学、评一致，对表现优异的学生给予奖励，吸引更多的学生参与思维导图的绘制，逐渐将思维导图作为一种知识整理工具，并拓展到其他学科的学习，使学生成为一个会整理、会思考的人才，构建起完善的知识网络。

四、加强新媒体的融合应用

（一）新媒体与翻转课堂融合

1. 课前：利用新媒体资源自主学习

在高职数学翻转课堂教学模式中，课前自主学习是学生构建基础知识框架、准备课堂深入探讨的关键环节。新媒体资源的融入，为学生提供了多元化的学习途径，其中微课视频、在线课程与教学平台、移动学习 App 是三大核心支撑点。第一，应用微课视频，充分发挥“微”时长的特点，使之成为学生课前自主学习的重要工具。微课视频通常为 5 分钟到 10 分钟的短视频，聚焦单一的数学概念或解题方法，以动画、图表、实拍等多媒体元素直观展示数学知识。学生可根据自身对知识点的掌握程度，选择性观看相关微课，重复学习直至理解透彻。第二，使用在线课程与教学平台为学生提供系统化的学习结构和丰富的资源库，如 MOOC（慕课）、SPOC（小规模在线课程）等平台，集合了海量的教学资源和辅导资料，包括讲座视频、电子教科书、模拟测验等，平台上的讨论区和问答社区提供模拟真实数学讨论环境的空间。第三，有条件的专业、学院可以开发高职数学移动学习 App，结合个性化推荐算法、智能提醒功能，提供互动式学习工具，如 App 的自测功能可以帮助学生随时巩固已学知识点，云端同步功能可以实现学生在不同设备间学习状态的无缝切换，App 可以结合位置信息、学习习惯等数据，提供个性化服务，如在学生周末时间推送与学生当前学习章节相关的练习题等。

2. 课中：以新媒体工具辅助互动与探究学习

课堂环节的重点在于通过新媒体工具促进学生间的互动与探究学习。交互式白板、实时反馈系统、讨论板与线上社区成为这一教学策略的关键技术支撑。第一，在翻转课堂的数学教学中，教师可以利用交互式白板呈现复杂的数学图形，动态演示数学问题解决过程，学生也可以直接上手操作求解，交互式白板的同步记录功能，能够让课堂上的讲解和讨论内容得以保存，供学生课后复习和深入研究。第二，实时反馈系统是构建高效课堂的另一重要工具，包括点击统计、在线即时调查等。教师发布小测验，迅速收集学生答题数据，通过实时反馈系统快速了解学生对特定数学问题的理解情况，及时调整教学策略和节奏，有利于优化教师与学生间的信息反馈循环。第三，在翻转课堂模式下，学生在课前通过自主学习掌握了初步的数学知识，在课堂上通过小组讨论或全班讨论进一步深化理解，讨论板和线上社区则是这种讨论活动的延伸和补充。教师可以通过建立专题讨论板或加入相关的线上数学社区，在平台上布置问题、发起讨论或进行案例分析，学生可以在讨论板上发表自己的见解，回答他人的提问，分享学习心得或资源。

3. 课后：完成新媒体作业与数据评价

在高职教育的数学翻转课堂教学模式中，课后环节是巩固和深化学生学习成果的关键阶段。新媒体技术的应用，特别是在线作业与测试、电子作业本及学习分析工具，为教师提供了多元化的评价手段。第一，在线作业与测试系统是课后学习环节的重要组成部分，可提供个性化的作业和测试，与课堂教学内容紧密相连。教师布置各种数学习题与案例分析，学生可以在任何时间、任何地点登录系统完成作业并即时提交，其还可以作为一种评价手段，定期检测学生的学习效果，提供学习进度的即时反馈。第二，电子作业本系统可以标记公式错误、代入错误、笔算错误等，学生提交后可以获取详细的评语反馈。在翻转课堂模式下，电子作业本还支持多媒体内容的嵌入，如数学问题解决过程的视频录像、音频讲解等，电子化存储学生每一次的作业记录和教师的批改意见，方便学生随时查阅、复习和反思，也方便教师跟踪。第三，学习分析工具是大数据在教育领域的应用形式之一，可以自动分析学生的学习轨迹，提供诸如学习时间分布、题目正确率、知识点掌握情况等多维度分析，形成学习诊断报告，反映学生的学习参与度、知识点掌握程度等。教师可以应用学习分析工具，收集学生的在线数据，为后续的个性化教学提供依据。

（二）新媒体与高职数学教学融合

1. 整合技术支持，实现数智化的新媒体融合

在高职数学教学中，新媒体融合的应用不仅要求技术的整合，还需要对教学方法进行深刻的改革，以适应数字化时代的教育需求。目前的教学模式，依赖教师的单向讲解，往往导致学生被动接受知识，缺乏深度理解和兴趣激发。互联网技术的引入为改变这一局面提供了可能。

教师在高职数学教学中的角色应从知识的单一传递者转变为引导者和协调者。利用新媒体教学手段，可以将数学知识通过文字、语言、图片和视频等多种形式生动展现，这不仅使教学内容更加丰富、直观，还有助于学生形成立体思维，深化学生对数学概念的理解。例如，复杂的数学问题可以通过动画和交互式模拟演示，使抽象概念具体化、具象化，加深学生的知识印象。

适当结合新媒体教学资源和传统教学方法，能够有效提升学生的自主学习能力，加深对数学知识的理解和应用。因此，高职数学教学中的新媒体融合不仅是技术的应用，还是一种教学理念和方法的革新。

2. 强化教学内容与新媒体融合的适配性

在高职数学教学的新媒体融合过程中，教学内容与技术的适配性是实现有效教学的关键。这就要求教学内容不仅要符合数学教育的基本要求，还需要与新媒体技术的特性和功能相协调。教学内容的设计应从传统的静态模式转变为更加动态和互动的形式，以利用数字技术的优势，创造更具吸引力的学习体验，实现更高效、更具趣味的数学教学。

在教学内容的创新方面，可以通过动态图形、交互式模拟等方式，将复杂的数学概念和公式转化为直观易懂的视觉展示。例如，利用图形化软件展示几何图形的变换，或通过交互式模拟演示统计数据的分布，能使学生更直接地观察和理解抽象概念。此外，将现实生活中的应用问题融入教学内容，可增强学习的实用性和相关性，使学生理解数学知识在实际生活中的应用价值。

在适配新媒体技术的过程中，教师应充分利用技术的互动性和多功能性。例如，可以

运用在线教育平台进行互动教学，设置线上问答、讨论区和小组协作项目，鼓励学生主动参与和探究。这种教学模式不仅增强了学习的互动性，还强化了教学的灵活性。同时，教学内容的设计还应考虑学生不同的学习需求和能力水平。通过提供多样化的学习资源和活动，如视频教程、交互式练习和在线模拟实验等，可以满足不同学生的需求。

在运用新媒体融合技术时，更需要关注教学方法的创新。例如，采用翻转课堂的教学模式让学生合理地进行自主学习，这种模式有效结合了线上自主学习和线下师生互动，提高了学生的参与度。

3. 提升教师理解和应用新媒体融合的能力

在高职数学教学中，新媒体融合的成功依赖教师对这一趋势的理解。这不仅涉及教师技术技能的提升，还包括对教学理念和方法的创新。

教师的专业发展须从加深对新媒体融合教学价值的认识开始。通过定期举办研讨会和培训活动，可以使教师了解新媒体融合在数学教学中的重要性和应用潜力。这些活动应包含最新的教育技术介绍、成功案例分享和实践操作环节，以便教师可以直接体验并掌握这些工具的使用方法。对于教师技术能力的提升，应实施系统性的培训。这不仅限于基础操作技能的训练，还包括如何将这些技术创新性地融入教学中。例如，教师可以学习如何利用交互式白板、虚拟现实和在线协作工具来设计和实施更丰富的教学活动。除技术培训外，还需重视教师对改革教学方法的认识和接受程序，鼓励教师探索如翻转课堂、项目驱动学习等新教学模式，并将其与新媒体融合技术结合。这种方法能够激发学生的学习积极性，同时提高了教学的有效性。

学校应支持教师在新媒体融合教学方面的创新，并提供必要的资源支持，如教学软件、硬件设施及专业指导，以便教师能在教学中自由地尝试新的方法和技术。同时，建立一个开放的交流平台，让教师能够分享经验、讨论挑战和寻找解决方案，形成互助学习的氛围。

高职数学教师应着重理解新媒体融合的重要性、提升技术应用能力、改革教学方法以及创新教学实践。通过这些多维度的策略，可以有效促进教师在新媒体融合领域的专业发展，为高质量的数学教学提供坚实的基础。

五、增加数学素养，助力高职数学教学路径

（一）重构数学知识结构，适应时代发展

当前高职院校公共基础课程的课时一再被压缩，如果系统性地讲授高等数学知识，一是学生接受度不高。二是教师课堂教学基本会陷入“满堂灌”的模式，可见传统的教学模式已经不适应时代的发展。所以，高职教学部门、数学教师应主动进行数学课程改革，基

于学生毕业发展、学校“岗课赛证”的育人模式，重构数学知识体系，最大限度地发挥数学这门公共基础课程的助力作用，从根本上解决当前教与学的问题。

（二）重视数学建模竞赛，发挥以赛促学的作用

全国大学生数学建模竞赛的举办，给高职院校师生提供了很好的应用数学知识解决实际问题的平台。教师可以将以往的数学建模竞赛题、数学建模需掌握的素养添加到大一学生数学学习的过程中，并鼓励学生在经过一整学年数学学习后大二参与到数学建模竞赛中，一是可以检验教师教的效果。二是可以通过比赛促进学生再学习、再思考，对于学生数学抽象、逻辑推理、数学运算、数据分析、模型建立、直观想象等数学素养的提升有很大的帮助。

（三）转变数学课程学习方式，因材施教

当前，高职数学课堂学生学习情况基本上分为能听懂、听了也听不懂、直接不听三种情况，结合学生毕业的职业发展，如就业、专升本等，学校可以在学期初设置不同类别的数学必修课，让学生结合自身数学学习情况，选择适合自己的课程，最大限度地改变教学现状。

（四）利用岗位群建设夯实学生的基础

当前，很多学生在学习数学知识的过程中有着这样的情况，即虽然有心学习但是不知道怎么办，故而建议积极构建岗位群，把其作为驱动学生学习的动力，夯实学生数学基础。因此，要想让学生在数学素养助力育人模式中学习和完成实训相关任务，就应积极将数学课堂教学变成帮助学生夯实基础的主要阵地，在岗位群建设过程中采用该育人模式，从而实现解构与再造高数教学体例。再者，高职教师要结合岗位群在育人模式中对数学应用能力的要求，秉持把工作过程当成教学的基本理念，帮助学生将数学素养转变为职业素养，发挥数学素养助力育人模式的功能。专业教师和技能比赛要结合专业课程教学实际，高度模拟岗位情境，才能真正帮助学生锻炼数学知识应用能力。

（五）通过构建课程资源库承载数学记忆

数学学科本身是复杂且抽象的课程，为扩展数学素养助力育人模式功能的时空维度，学校在“岗课赛证”模式实施过程中，要积极构建课程资源库，以此承载学生学科记忆。要打破经济学、工程学与数学课程之间的教材知识壁垒，把知识体系当作独立模块，以此满足学生考试以及工作岗位对数学课程的需求。教师要将课程资源库建设成基础模块、习题模块、工作模块、自媒体模块等多种不同的模块。其中，还应包括基于工作过程的应用模块，能按照高职院校岗位群进行详细划分，促使学生有效地学习和应用数学知识。而自媒体模块，就是帮助结业生通过自媒体互动分享数学素养构成的经验，以及当前所在工作

岗位对数学课程知识的应用要求。这对优化学生学科素养培养，以及助力“岗位赛证”育人模式都发挥着积极作用。

六、完善高职数学教学评价体系构建

高职院校应结合对应用实践型人才的培养要求，以实现学生成长和发展为出发点，以培养学生逻辑思维能力和创新发展能力为落脚点，构建包括背景评价、输入评价、过程评价、成果评价四个方面的高等数学教学评价体系。

（一）背景评价

背景评价是对教学方案及目标的合理性进行评价和分析，也是对目标本身的诊断性评价，可为计划决策导向服务。高职院校在确定人才培养目标时，需要对学生的学习方式需求及学校整体资源配置水平进行客观描述和实证比较，以满足相关要素的要求。这种定性与定量相结合的方法作为一种有效的教育测量工具，可以帮助教师了解自己所期望培养出来的人才是否符合社会发展需要。在进行自我评价的初期阶段，学生需要对自己的行为习惯、学习进程、学习方式及内外动力机制等方面进行诊断和综合分析，这是一种前期性自我诊断评价。背景评价是以学习主体的需求为中心，整合教育政策、课程教学体系和教师结构等方面的信息来评价课程的基础、目标、结构、知识、技能和条件。在高等数学教学中，一方面，学生的数学基础薄弱，厌学现象比较严重，大多数学生对数学类课程存在一定的畏难心理，往往在课程正式开始前就已经丧失了积极学习、主动探究的兴趣；另一方面，学校开设高等数学课程的意义在于帮助不同专业学生在专业理论知识和实训实操过程中灵活运用高等数学的知识点解决实际问题。数学思想方法是从事生产、管理和科研的劳动者必备的实用工具，对于高职院校的应用型人才培养目标而言，可以将其定位为利用数学知识解决工程问题，这有助于在生产经营中减少成本、增加收益和规避风险等。因此，在高等数学教育教学活动开始前，必要的背景评价可以助推教学活动顺利、高效、有序地进行。在课前，教师应侧重对学生专业背景、前导课程知识和基础水平等信息的把握，对教材、学生进行深入细致的分析，注意将高等数学自身特点与不同专业特征结合起来进行授课，并组建教学团队研究教学目标和计划，把数学思维的培养和数学知识应用能力融入教学目标，让学生学会运用数学知识与专业知识解决相关的实际问题，即从“教数学”向“教学生用数学”转变，使高等数学教学能有效与人才的培养和发展、社会的需求和繁荣相结合。

（二）输入评价

输入评价是在背景评价确定了教学方案目标之后，对各种备选方案的优点进行分析和判断的活动，本质是对教学方案的科学性和可行性进行评价，为组织决策服务。基于

CIPP 模式的基本要求，在高职教育背景下对高等数学教学方案实施评价，旨在帮助学生选择合适的学习资源。输入评价的要点是教学实施过程中对各部分知识的学习资源的利用和教学手段的选择。学习资源的选择要具有丰富性和针对性，紧密联系生活实际，能使学生形成数学逻辑思维；教学方法的选择要具有多样性和发展性，符合高职学生的认知水平和理解能力，通过因材施教，让学生感受到学习数学的价值和乐趣。中小学阶段学习的初等数学讨论的是静止的、具体的常量数学问题，而高职数学主要研究的是运动的、抽象的变量数学问题。众所周知，高等数学的微积分知识点中，微分研究的是区域性的、动态的和瞬时的对象，定积分则是运用“以直代曲”“以常趋变”“以区域求整体”的数学思想。而如何从静止、具体性的常量过渡到运动、抽象的变量过程，这就要求教师正确选择教学工具和手段，从学生已有的知识经验出发，引导其创新性地发现和提出新的解决思路和方法。比如，在“极限”概念的讲解过程中，教师可引导学生结合生活中的实例描述极限概念隐含的无限逼近理论，将可学习的资源延伸至课堂之外，促使学生将极限的思想与生活中的点滴联系起来，帮助学生深入理解极限的概念。与此同时，教师可借助多媒体进行教学，在课件上呈现“一尺之棰，日取其半，万世不竭”的极限状态和“割圆术”的演算过程，让学生能够比较直观地认识数学意义上的无限分割和无限逼近思想。这种从学生生活出发并直观展示变化的教学手段加上教学资源的合理运用，能够有效填补数学概念具体化形式的空白，丰富课程教学活动。教师要合理运用输入评价让学生在探究式学习中培养自身的创新意识与探索精神，比如，在实际问题中需要求解曲边梯形的面积时，教师可以启发学生从初等数学学习的常见规则图形面积的知识点出发，结合前景知识“极限”的无限趋近思想，一步步探究，最终得出定积分概念。另外，在课程教学活动开展过程中，教师还要帮助学生树立正确的学习观，调动其学习兴趣，丰富其文化底蕴。如教师可以借助数学史对学生进行人文教育，适时介绍一些数学家的故事，激发学生敢于挑战的精神，培养学生坚强的意志品质。概言之，高职数学教学不仅需要教师具备专业水平和创新思维能力，还需要学生具备知识储备和举一反三的能力，因此，选择合适的教学方案和教学资源，对教学的顺利开展极为重要。

（三）过程评价

过程评价是对教学方案实施情况进行持续的监控和检查，旨在及时调整和改进教学实施过程，即对教学方案实施过程进行形成性评价，为实施决策服务，也是教学评价的核心。过程评价强调对学生在课程讲授过程中的表现情况进行严谨细致的评价，它也是一种表现性评价，教师通过对教学方案进行设计，引导学生在教学过程中形成良性多向互动，并可进行及时的反馈和改进。课程内容在实际教学活动中得以有效实施，并通过教学的双边性规律得到评价反馈，利于教师改进教学过程中的不足。在教学的过程评价中，教师要

特别注意创新教学评价的方式。在高职数学课堂中，教师可利用课前导学测评结果分析学生不容易理解的知识点，并积极引导学生通过自学、自讲或讨论的方式，结合设疑、问答、抢答、游戏等环节进行小组活动，然后再适时进行答疑和讲解，和学生共同探究总结课堂中重要的知识点。如此，在让学生成为课堂教学主体的同时，也能增强学生自主探究、合作学习的成就感和参与性。在教学中教师要充分考虑学生在课堂中的主体作用，通过设计不同的课堂活动，以真实有效地反映学生的知识掌握情况，并在教学环节中实现对教学方案的动态调节，发挥教师的教学智慧，这也是在对教师的“教”进行过程评价。教师应善于利用课堂上生成的问题解答、成果分享、思路交流、意见表达、观点质疑等多样性手段，及时、有针对性地进行评价和反馈，帮助学生改进学习方法。例如，在讲解函数连续性的判断方法之后，教师应及时在黑板上展示相应的习题，根据对应的做题思路和步骤规范的求解，同时对学生每一步的理解和疑惑并加以解释，检查并评价学生对函数连续性的理解，紧接着让学生完成随堂练习，随机抽取学生上台演示解答过程并将求解思路向其他学生进行讲解，教师要适时指出问题，引导全体学生结合解题情况针对学习过程开展自我评价，反思个人在学习中存在的问题并寻求解决方法。在此阶段，教师应密切关注学生个人及小组的学习情况，评估学生参与课堂活动的质量，对学生进行合理有效的过程评价。同时，在过程评价中要提高对行为评价的重视程度。对于部分学生出现的上课迟到或早退、睡觉、玩手机、旷课等错误行为要引起特别注意，即教师要对这些学生进行教育。为了引导学生主动思考并参与课堂教学，教师可以对学生课堂上的行为和学习情况作出有针对性的评价，定期小结并公布学生的表现评价，以此督促学生相互监督、共同进步，让过程评价成为学生日常学习的促进者。此外，教师要注意在评价过程中引导学生进行师生之间、生生之间、组组之间的多边互动评价，构建完整的学习型评价体系，进而促进学习型评价的进一步实施。教师也可以借助学生对自己的评价，反思自身在教学活动和行为中存在的问题并及时作出调整和改进，以此提高自身的专业技能和教学水平。

（四）成果评价

成果评价是检验、判断、解释教学方案的成果，即总结性评价，为再循环决策服务。在高职数学教学中，对学生的综合素质和学习能力进行成果评价，实质是将其实际发展成果与预期教学目标进行比较，以实现评价的改进功能，并为新的教学计划的制定提供强有力的支撑。成果评价是对学生的综合素质和学习能力进行定性评价，即用量表对学生的各项数据进行测评，判断教学目标的实现程度，同时针对与教学方案相悖的结果，要优化教学方案，并对学生的学习状态进行调整，从而使学生达到一定的评价标准。成果评价有助于将质量评价与成果转化结合起来为后续的教学工作提供实践经验，其要求明确教学的知识目标、素质目标、德育目标，不仅要注重对学生基础知识的掌握、学习能力的提升，以及数学核心素养的形成情况进行评价，还要对教师在教学过程中实现的教学效果及教师的认知、思维和职业素养进行评价，以起到教与学双向的促进作用。教师应合理应用教学的成果评价，以便发现学生在教学活动中存在的问题，对课堂教学效果进行监控，全面把握学生课前、课中的学习成效。同时，在高等数学课程结束后，教师要优化作业评价，及时给学生布置与教学目标相关的基础性、巩固性、拓展性和创新性学习任务及课后作业，布置作业时可以因人而异，如对基础能力较差、学习有困难的学生，可减少布置有难度的作业，让他们感受数学学习的喜悦感；对学有余力的学生则要增加拔高型作业，让他们获得自由发展的时间和空间。同时，应尽量避免出现过于客观的数学题，即教师要创新题型，深入挖掘数学教材知识的内涵和外延，将学生的知识获取与能力培养紧密结合起来，让他们在学习中感受到数学知识本身具有的价值，进而激发学生学习兴趣。教师可以布置的课后任务包括但不限于一些与知识相关的数学史、数学文化、数学家、数学研究动态，以及教师在网络上搜索到的有关信息，这样让学生在完成作业的同时，可以使其学习到更多在数学课本中学习不到的知识，从而培养学生的人文科学情怀。教师可以将作业的完成情况作为学生学习态度、学习成绩及后续进阶知识学情分析的重要信息，借此及时调整教学进度、教学计划和教学方案，由此形成“诊断—反馈—循环”模式。此外，教师也需要根据本门课程的学生成绩及时调整教学行为，总结教学经验，以便提高教学效率。

参考文献

［1］蔡钶金．“互联网+教育”下高职学生数学学习策略研究［J］．中国新通信，2024，26（10）：158-160，172.

［2］陈琰明．建构主义视域下高职数学课程教学情境设计与实践研究［J］．湖北开放职业学院学报，2024，37（10）：176-178.

［3］董志华．高职数学教学中翻转课堂的应用研究［J］．现代职业教育，2024（5）：153-156.

［4］邓雪松．如何在高职数学教育中培养学生的工匠精神［J］．才智，2024（18）：80-83.

［5］樊娟华．基于5C核心素养的高职数学课堂教学模式探究［J］．教育教学论坛，2024（5）：161-164.

［6］李德芳．职教新标准下高职数学数字教材建设路径探究［J］．才智，2024（19）：177-180.

［7］林志军．基于新媒体应用的高职数学翻转课堂教学策略探究［J］．新闻研究导刊，2024，15（6）：140-142.

［8］吕淑君．以项目驱动的高职数学教学设计与实践［J］．山西青年，2024（10）：112-114.

［9］李雁玲．高职数学教学中思政教育的融入探究［J］．中国军转民，2024（10）：171-173.

［10］马玉珍，王蓓爽．中华优秀传统文化和现代科技融入高职数学教材研究［J］．黄冈职业技术学院学报，2024，26（2）：22-25.

［11］秦亚兰．思维导图在高职数学教学中的应用研究［D］．太原：山西大学，2021.

［12］石丽敏．数学文化融入高职数学课程教学的路径探析［J］．延边教育学院学报，2024，38（1）：90-93.

［13］石玮．基于核心素养的高职数学情境创设与问题设计探究［J］．成才之路，2024（15）：69-72.

［14］孙梦皎．高职数学教学中思维导图的运用［J］．公关世界，2024（5）：175-177.

[15] 苏娟丽．素质教育背景下高职数学教学改革研究［J］．大学，2023（32）：109-112.

[16] 苏建华．基于化工专业岗位能力培养的高职数学课程教学实施策略研究［J］．内蒙古石油化工，2024，50（5）：66-69.

[17] 王亚琴．在高职数学教学中融入思政教育的标准化教学研究［J］．中国标准化，2024（6）：236-238.

[18] 吴怀兵．数学建模思想融入高职数学教学的实践研究［J］．湖北开放职业学院学报，2024，37（9）：188-189+192.

[19] 吴伟．高职数学教育数字化转型研究与实践［J］．科学咨询（教育科研），2024（3）：98-101.

[20] 王志攀．基于职业能力培养的高职数学教学改革策略探究［J］．教师，2024（15）：114-116.

[21] 汪丽．基于学生发展核心素养的高职数学教学改革策略探究［J］．山西青年，2024（11）：73-75.

[22] 王艳青．高职数学与专业课程的深度结合研究［J］．山西青年，2024（11）：118-120.

[23] 薛艳丽．翻转课堂在高职数学教学中的应用探究［J］．科技风，2023（16）：115-117.

[24] 俞海燕，黄likely燕．思维导图在高职数学教学中的应用［J］．湖北开放职业学院学报，2020，33（22）：148-149.

[25] 杨雯．建模思想在高职数学教学中的实践与应用研究［J］．学周刊，2024（19）：77-80.

[26] 杨四香．“互联网+”背景下高职数学教学模式的重构［J］．成才之路，2024（10）：21-24.

[27] 张琳娜．高职数学教学的探索与实践［J］．山西青年，2024（10）：72-74.

[28] 张晓妮．思政元素融入高职数学课程实现路径研究与实践［J］．科学咨询（教育科研），2024（4）：159-162.